www.ingramcontent.com/pod-product-compliance
Lightning Source LLC
Chambersburg PA
CBHW082059210326
41521CB00032B/2568
9780989139090

オルゴン
アキュミュレーター
ハンドブック

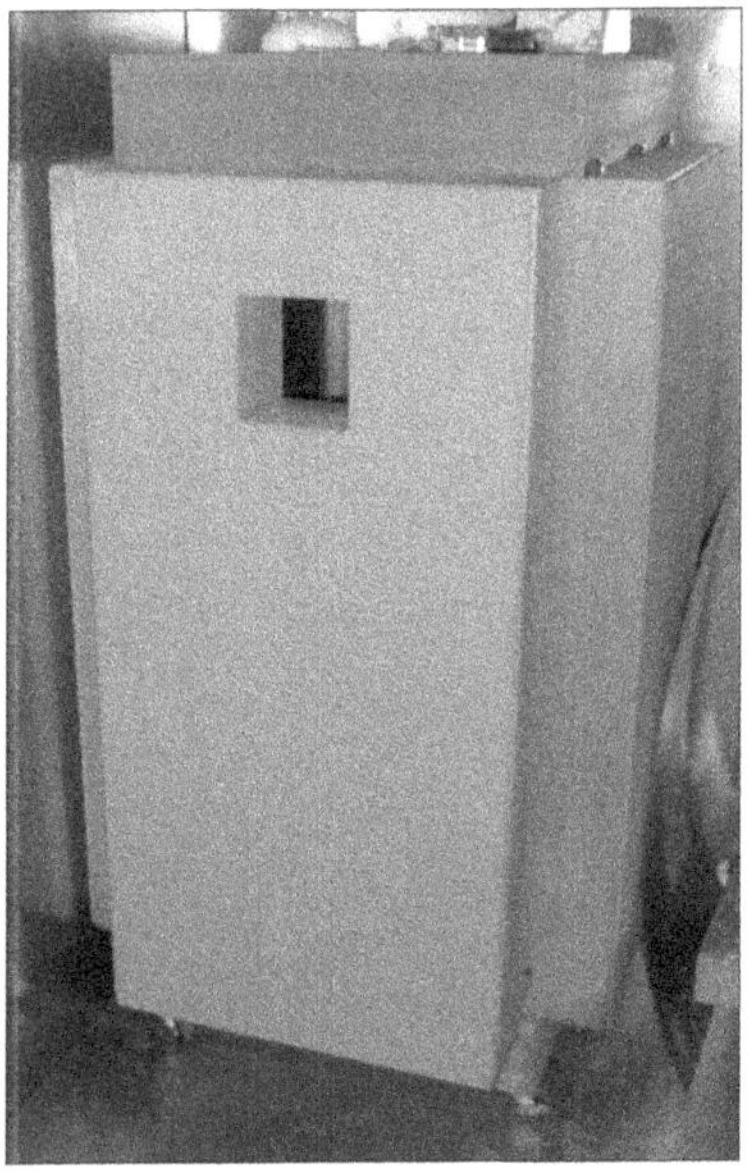

作 ジェームス・ディメイオ(Ph.D)

国永史子 による日本語翻訳

Natural Energy Works
Orgone Biophysical Research Laboratory
Ashland, Oregon, USA
www.naturalenergyworks.net
www.orgonelab.org

Publication and worldwide distribution rights:

Natural Energy Works
Greensprings, PO Box 1148
Ashland, Oregon 97520
United States of America
http://www.naturalenergyworks.net

Email: info@naturalenergyworks.net

Also available through Ingram / Lightning Source.

ISBN: 978-0989139090

Japanese Translation of 1990 Abridged English Edition.

160308

Front Cover: NASA photo of Apollo 12 astronaut walking on the surface of the moon (see Life Magazine, 12 Dec. 1969). His body orgone energy field is softly glowing a blue color in the lunar vacuum.
See: http://www.orgonelab.org/astronautblues.htm

目次

付録

オルゴン・アキュミュレーター・ハンドブック

ジェームス・ディメーオ

オルゴン・エネルギーとは何か

オルゴン・エネルギーというのは、宇宙生命エネルギーのことである。自然と深いかかわりを持った人達は基本的創造力としてのこのエネルギーの存在を古くから知っていたし、自然科学者達はその存在を推測していた。しかし今や、このエネルギーが物理学的に対象化されて、論証されるに至った。オルゴンはウィルヘルム・ライヒが発見したもので、彼はこのエネルギーの持つ基本特性を確認した。たとえば、オルゴン・エネルギーはすべての生物、無生物に蓄積され、放射される。また様々な速度で、あらゆる形体の物質を貫通する。種々の物質はオルゴン・エネルギーを引きつけたり、反発したり、あるいは反射したりする。これは見たり、感じたり、測定したり、撮影することも可能である。このエネルギーは自由な形で大気中に、または真空中に存在している。オルゴンは励起性があり、圧縮でき、また自然に脈動する性質を持っている。生物、水、またオルゴン自身と強く引き付け合っている。オルゴン・エネルギーは大気中で一つの場所から他の場所へ、一定の法則に従って流れている。これは地球の自転よりもわずかに速い。オルゴンは、つまりあらゆる生物、天候、気候、惑星の反応などの宇宙物理全体を相互に関連づけている遍在媒体である。

オルゴンはある程度の関連は持っているものの、他のすべてのエネルギー形体とは極めて異なったエネルギーである。たとえば伝導体に磁気を伝えるが、磁力そのものとはちがう。同様に絶縁体に静電気を伝えはするが、決して静電気そのものではない。核エネルギーとは非常に異なった性質を持っていて、放射性物質に対しては大きな反応を示す。ところが、特別なガイガー・カウンターではオルゴン・エネルギーを記録することができる。またそれ自体は電磁気ではないが、電磁気妨害の伝達媒体にもなりうる。地球大気中のオルゴン・エネルギーの流れは、大気流通パターンの変化に影響を与える。たとえば大気中のオルゴンの機能が嵐を起こす源になり、気温、気圧、湿度にも影響を及ぼしている。宇宙では宇宙オルゴン・エネルギーが重力や太陽系の諸現象に影響を及ぼしている可能性がある。それでもなお、この質量〇《ゼロ》のオルゴン・エネルギーはこれら機械的物理の一要素ではないし、またその総合体でもない。オルゴン・エネルギーの特性は生命そのものから来ている。これは本源的かつ基本的な宇宙生命エネルギーであり、他のあらゆるエネルギー形体は第二次的なものにすぎない。

生命の世界ではオルゴン・エネルギーはすべての主要生命プロセスの基礎になっている。生物オルゴンの脈動、流れ、そして蓄積が細胞原形質や組織の活動を決定すると同時に、「生物電気」の強さも決定している。天候が大気中のオルゴン・エネルギーの干満や蓄積、放出であると全く同じく、感情は生命体の被膜の中で起こっているオルゴンの干満や蓄積、放出であると言える。生命体も天候もともに、生命エネルギーに顕在する特性に反応する。オルゴン・エネルギーの働きは、微生物、動物、嵐雲、ハリケーン、銀河系など全創造物の中に現われ

ている。オルゴン・エネルギーは自然界に蓄積し、それを活性化するだけではない。私達は魚が水の中にいるように、オルゴン・エネルギーの海の中にいる。さらには、オルゴン・エネルギーは感情や概念伝達の媒体であり、私達を宇宙に連結し、あらゆる生命体を結びつけているものである。

ウィルヘルム・ライヒの発見したオルゴンと、オルゴン・アキュミュレーター

ライヒが生物が持つエネルギーの研究に最初に取り組み始めたのは、一九二〇年代、精神分析の父、フロイトの弟子の時代である。フロイトは初期の人間行動論の中で、比喩的言葉で衝動という特殊なエネルギーが存在することを論じており、それを「リビドー」と名づけた。フロイトは晩年にはこの言葉を使うことをやめている。しかし彼の若い弟子だったウィルヘルム・ライヒは、これが非常に有益な考え方であることを発見し、人間の感情やセクシュアリティーを支配しているこの捉えどころのないエネルギーの研究を続けた。

ついにライヒは、人間の体の中に、特殊な「植物神経的な」感情エネルギーが流れていることを確認した。この流れは健康な人間が感情を強く表現したり、性交でオルガスムスに達した時に発生する。自由で何の妨害もなく表現される感情と、オルガスムスの最中に自然に逆らわずに性的興奮を享受し、堪能できる能力は、ライヒによれば、エネルギーが体の中をまったく妨害を受けずに流れていることを示していると見なされた。最終的にライヒの出した結論は、この自律植物神経的エネルギーの流れを感じ、それに身を委ねることができる能力こそが、個人の精神と肉体の健康状態を決定するというものだった。やがてライヒは患者の中にため込まれている感情エネルギーを解放するテクニックを発展させていく。長い間、体の中に押え込まれていた感情を解放し、神経症の徴候を除去するテクニックである。後に彼は「生物電気」のエネルギーの流れや感情との相関関係を測定する目的で、非常に敏感なミリボルト計を使用した。しかしライヒは、この生物電気の低レベルの活動だけからは、人間の行動の中に見られる強力なエネルギーが十分に説明しきれないと確信した。特に、神経症患者にみられる様々なエネルギーの停滞をひきおこしている慢性の精神障害に関する場合にはそうである。たとえば、そのような患者が今までずっと抑圧されていたある強い感情を何かに触発されて表現することができた場合には、筋肉の緊張が極度にほぐれて、呼吸が深まり、もとからあった問題点がぐっと弱まるという現象がしばしば観察された。ライヒは、完全で深い呼吸が、感情が十分に表現される場合におこるということを熟知していた。そこで残る問題の解明、つまり生命体が一体どのようにして、どこから感情的エネルギーを得るのか、そしてそのエネルギーの性質は何かということが、ますます重要になってきた。

その後まもなく、ライヒは食物や他の物質の分解と腐敗のプロセスについて顕微鏡で研究し始めた。非常に高い倍率で観察したが、標本中の生命を殺してしまうような通常の染色の仕方や、方法論は用いなかった。三五〇〇倍という高い倍率で、標本を固定したり染色したり

せずに、生きている状態で観察することを強調したライヒのやり方は、今でも極めてユニークなものである。彼が注目したのは、化学的溶解液の中に入れられたり、すでに白熱放射で熱が加えられ、分解を始めた他の物質の上に置かれた時に、食物や他の物質がたどる、膨張と分解のプロセスであった。彼の観察からわかったことは、適正な科学的環境の下で、様々な異なった物質が膨張と分解をした場合に、顕微鏡的レベルにおいて極めて類似した物質が、殺菌状態の中から現われるということである。彼はこの物質をバイオンと名づけた。ライヒがオルゴン・エネルギーの放射を初めて発見したのは、このバイオンを顕微鏡で観察している時であった。そこからオルゴン・アキュミュレーターの原理が生まれた。

　浜辺の砂から作られたバイオンの標本が、強力なエネルギーを放射していることが観察された。この標本を長い間観察した実験者の中には結膜炎をおこしたり、標本に近づきすぎて皮膚炎をおこす者が現われた。この放射エネルギーは冬だったにもかかわらず、洋服を通してライヒの皮膚をこんがりと焼いた。この放射エネルギーは近くに置いてある鉄やスチールの含有物に磁荷を、またゴムの手袋のような絶縁体には静電荷を伝えた。金属性のキャビネットに保管してあったフィルムがかぶり現象を起こし黒ずんだ。彼はこのエネルギーの正体が何であれ、すぐに金属に引きつけられると同時に、すぐにそこから放出されて周りの空気中に吸収されてしまうことに気づいた。一方有機物質はこのエネルギーを吸収し保持するということも分かった。この新しい放射エネルギーを従来の放射能や電磁気検知器で解明しようとしても、その正体をつかむことは不可能であると思われた。

　ライヒは特定のバイオンの培養が置いてある部屋の空気が「重くなったり」負荷を受けることに気づいた。夜、まっ暗闇の中でこれらの部屋の空気がきらきらと閃光を放ち、エネルギーの脈動と共に輝いているのが観察された。放射したエネルギーを内にうまくとらえるように特殊に設計した金属板でかこまれた容器の中に、バイオンの培養が放射しているエネルギーを捉えようと試みた。予想したとおり、特殊に金属をはりめぐらした容器は放射エネルギーをとらえ、その効果を増大する役目を果たした。しかしライヒが驚いたことには、バイオンの培養を取り除いた後にも実験容器の中には放射エネルギーが存在していた。本当のことを言えば、このエネルギーを〝取り除く〃方法はまったくなかった。この特定の容器は、以前にバイオンの培養から放出されているのが観察されたと同じ形のエネルギーを大気中から引きつけているようにみえた。とうとうライヒには、この金属をはりつけた特別な容器が、生命体からも発せられているのと同じ特殊な、大気中に存在するエネルギーをひきつけていることを確信するにいたった。ライヒはこの新しく発見されたエネルギーをオルゴンと名づけた。そしてこの容器の金属と有機物の層をより多く重ねることで、その中に集積されるエネルギーを強化する方法を開発した。電気、磁気、電磁気、放射能、いずれのエネルギーもこの集積器の中には集めることができない。これはまったくオルゴンにかぎったデザインなのである。そこでこの容器は、オルゴン・エネルギー・アキュミュレーターと名づけられることになる。

　ライヒがオルゴン・エネルギー、およびオルゴン・アキュミュレーターに関して行った実験の全容をここで述べることは不可能であるが、

いくつかのポイントをまとめてみる。オルゴン・アキュミュレーターには、その中に集積されたエネルギーを十分吸収すると植物や動物の生命力にポジティブな特殊な効果を与えることが判明した。アキュミュレーターの中で充電された大気や物質の物理的特性にかなりの効果をもたらすことも発見された。ライヒと彼の共同研究者たちは、オルゴン・エネルギー・アキュミュレーターや、その特殊な物理特性、生命力に肯定的な医学的効果についての大部の研究論文を発表した。これらの効果についてはその後、継続して確認され、オルゴン物理の研究は今日まで引き継がれている。

オルゴンアキュミュレーターの簡単な図

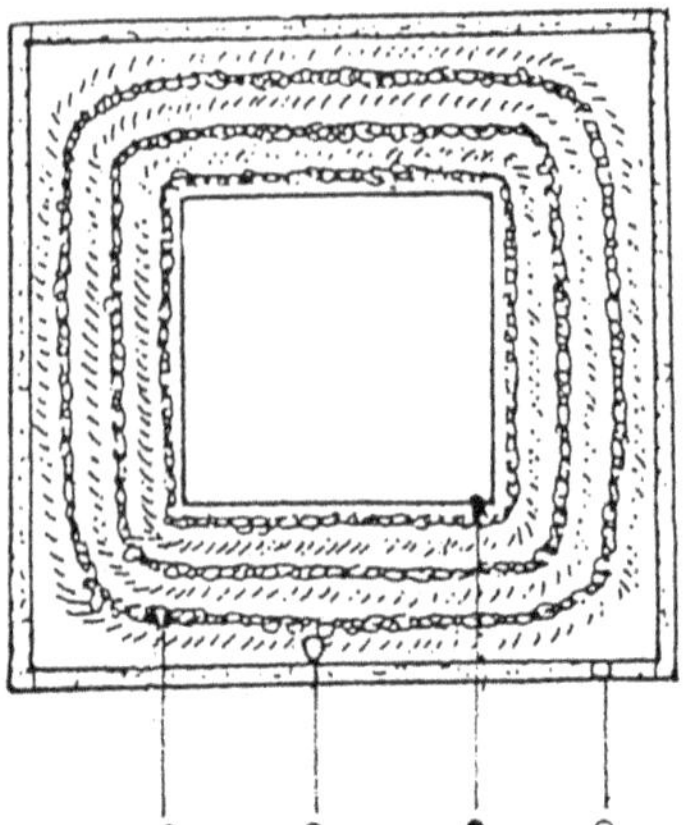

オルゴン・エネルギーの特性

一、大気中至るところにあり、充満している。
二、質量0
三、スピードは異なるが、すべての物質を貫通する。
四、膨張、収縮の自然な脈動があり、特殊な回転波で波れている。
五、直接観察、測定することができる。
六、エントロピー陰性
七、水との間に強い相性と誘引関係がある。
八、食物、水、呼吸、皮膚などから自然に生命体の中に集積される。
九、電磁気、核、摩擦、などの第二次エネルギー刺激に対して敏感に反応する。

強力なオルゴンの充電による物理的効果

一、周囲の空気と比較して、少し大気温度が上昇する。
二、周囲の空気中と比較して静電荷がより高くなり、静電気放出の度合いが遅くなる。
三、周囲の空気と比較して温度が高くなり、水の蒸発率が低くなる。
四、イオン化ガスが充満している、ガイガー・ミュラー管内で、イオン効果が抑制される。
五、非イオン化真空管（〇・五ミクロン圧）内でイオン効果が促進する。
六、電磁気を妨害したり吸収することができる。

強力なオルゴンの充電による生物学上の効果

一、体全体の迷走神経の活動が亢進し拡張する効果がある。
二、皮膚の表面がちかちかとくすぐったかったり、温かく感じられる。

三、体の中心部および皮膚温が上昇し、顔が紅潮する。
四、血圧と脈搏が適正化される。
五、蠕動が活発になり、呼吸が深くなる。
六、植物の発芽、開花、結実が促進される。
七、動物実験および少数の人体臨床実験から、組織の生育、修復、傷口の治癒の速度が早まることが確認されている。

オルゴン・エネルギーの客観的論証

オルゴン・エネルギーの存在を立証し、測定、対象化する方法は、長年の間にわたり数多く発達した。これらの技法については短く紹介するが、興味のある読者の方に対しては参考文献の中により科学的詳細にわたるものを紹介しているので参考にしていただきたい。

(1) 生物電気場――ライヒは体の中にかなり強力なエネルギーの流れとして現われている様々な生物電気現象を確認している。わずか数ミリボルトの「生物電気」の電流は、体の中を流れているこの強力なエネルギーの一部に過ぎないとライヒは主張し、後に彼はこの強力なエネルギーがオルゴンエネルギーの流れであることを確認した。

(2) バイオンの培養による放射影響――浜辺の砂から作った特定のバイオンの培養は、暗い部屋の中に置かれると知覚したり、見たりすることができる強力な放射線を出している。この放射線は放射能や電磁力を検知する器械では記録できなかった。その上、この放射線はフィルムを曇らせたり、絶縁体に静電荷を与えたり、実験室の鉄の備品に磁力を蓄積する性質を持っていた。

(3) 暗い部屋と大気中での観察――オルゴン・スコープ――ライヒは暗い部屋の中で、目を闇に慣らせた上で様々な現象を観察し、それを分類した。キラキラ輝く霧状の形体や、踊りながら光っている点状の光が観察され、その本質を客観的に示すための技術が多く開発された。部屋の大きさと同じ大アキュミュレーターが作られることで、この効力を増大し、明確化する試みがなされた。その結果、特別なオルゴン・ユニット、あるいは〝粒子〟といわれるものが観察されたが、その活動は宇宙や天候の影響によって変化した。これらの粒子は日中の空でも普通一般の現象として観察されており、指摘されれば、大ていの人に見ることができる。個々の生命体と同様、地球にもそれ自体のオルゴン・エネルギーの場があることも観察された。中空の管にレンズと蛍光スクーンを取り付けたオルゴン・スコープは、ライヒが色々な主観的に観察できる光の現象を拡大するために考察した機器の一つである。

(4) X線写真――説明不可能なX線フィルムの自然な曇り現象、X線幽霊現象に対して、ライヒはオルゴン放射の影響によるものとして説明できると考えた。そして彼はX線の機械の場の中のオルゴン・エネルギーを特別に活性化することで〝幽霊〟を映し出した写真を数枚発表した。

(5) 普通のフィルムの直接露光――ライヒは特別バイオン培養からの放射が、近くに貯蔵されているフィルムをも曇らせることを発見した。放射バイオンの培養皿を直接フィルムの上に置くと、培養皿の上のパターンそのままの像を写し出した。他の研究の中でもエネルギー場の写真が電気の刺激を加えずに（キルリアン撮影の技法）、暗いオルゴン・アキュミュレーターの中のフィルム上に物体を置いて、オルゴン・

エネルギーの場を増大にすることによって撮影できることが証明されている。

(6) オルゴン・エネルギー場《フィールド》測定メーター――ライヒはエネルギー場の強さを測定する目的でこの装置を考案した。テルココイルと特別なアキュミュレーターのような金属板を用いる。この装置では人間と物体のエネルギーレベルの差は量化することが可能であった。

(7) オルゴン・エネルギーの脈動の証明――ライヒは、大きな金属球のエネルギー場の脈動が、近くにつるされている小さな金属または有機体でできた振り子を動かすことができることを証明した。

(8) アキュミュレーター内の気温の変化（To－T）――アキュミュレーター内の温度は、地表のオルゴン蓄積が強まっている晴天日には、大気あるいはコントロール・ボックス内の温度よりも、わずかに高くなる。しかしこの現象は嵐や雨天の日にはみられない。

(9) アキュミュレーターの静電効果――アキュミュレーターの内に静電検電器を入れておくと、時々自然に充電がおきる。また、アキュミュレーター内の検電器は、大気中あるいは、コントロール・ボックス内に置かれている時と比較して、ゆっくりと蓄積静電気を消散する。この効果も雨の日にはみられない。

(10) アキュミュレーターのイオン抑制、増大効果――アキュミュレーターの中で数週間から数ケ月充電されたガイガー・ミューラー管やカウンターは、しばらくの間全く〝働かなく〟なってしまうが、ついに影雑音に対してでたらめな値を示すに至る。ガイガー・ミューラー管を模したもので、イオン化がおこるより低いレベルで真空にされたベイガー管と呼ばれる特殊な管は、放射能検知器にかけられると値を示さなくなる。しかし、これをアキュミュレーターの中で数週間から数ケ月充電すると、この同じベイカー管が極めて低い値であってさえも、影雑音に対して、高い数値を示すようになる。

(11) アキュミュレーターの湿度、水の蒸発効果――ごく最近の研究から、アキュミュレーターはわずかに高い湿度を引き寄せる傾向があり、その結果アキュミュレーターの中に入れられた皿の水の蒸散が抑制されることがわかった。この効果も雨の日にはみられない。

(12) オルゴン・テスター――この新しい装置は、デザイン的にはアキュミュレーターと似ており、特殊な有機質と金属の探針を用いている。電圧が探針のコイルの一つの導線から流されると、もう一方の接続されていないコイルが、探針を流れるマイクロアンペアの電流を感知する。これは原理的には、直流皮膚痙攣反応装置に似ている。ただし微量電流はオルゴンが蓄積された皮膚ではなく、オルゴンが蓄積された探針を流れる。探針は大気中の物体に対して、オルゴンエネルギーの場によって接触しているのである。それが物質や人間のエネルギーの場や、天候と反応する。

(13) 植物の実験――オルゴン・アキュミュレーターの中で定期的に充電された種や植物は、成長率がよく、また収穫も多い。

(14) 人間以外の動物実験――癌にかかったり傷ついたマウスにオルゴン・アキュミュレーターを用いてオルゴンを照射し、その効果を測定する実験が行われた。その結果、初期にライヒが主張した、組織細胞にあるオルゴンの蓄積が腫瘍の成長、形成を左右するという事実がほぼ確認された。これらの実験から、さらにオルゴンの蓄積が傷ついた組織の自己治癒能力を決定するというライヒの観察も実証された。

(15) 人間についての研究――一九四〇年、五〇年代にライヒ及び彼の共同研究者たちが行った臨床実験を除けば、人間を対象にしたアキュミュレーターの効果に関しては、アメリカではほとんど研究は行われてこなかった。しかし、最近ドイツで行われた研究では、これらの効果が確認されている。一般的に言えば、アキュミュレーターの中に座った人々は、様々な温かさとか、時には皮膚に何かがチクチク刺さるような感じを受ける。体の深部の体温が上昇し、皮膚には赤味がさす。その一方血圧や脈搏は平常化する傾向がみられる。自律神経に対して明らかな効果が認められる。

ライヒの外に、オルゴン・エネルギーに類似したものを確認した科学者がいただろうか

まさにその通り。長年に渡って、様々な自然科学者たちが、オルゴン・エネルギーに類似した原理を実証している。昔の中国の医学ではこのような力の存在を確認し、それを〝チー〟とか〝プラーナ〟と呼んでいた。針灸はこの原理に基づいている。十八、十九世紀の生気論者（バイタリスト）達も生物エネルギーや生命力の存在を語り、〝動物磁気〟〝オド・パワー〟〝心霊力〟〝生命力（バイタル・フォース）〟などの名をつけている。また最近の研究でも、自然界や生命のまわりに〝電気力学的〟電流や、〝形態形成〟の場があり、これらは測定可能であることが発見されている。科学者の中には古代人が想像した宇宙にある〝エーテル体〟（天空にみなぎる精気）に固執し続けた者もいる。そして力学的エーテル体が事実確認されたのである。そのような科学者の一人が、〝エーテル体〟の速度は地表近くでは様々な物質障害による影響を受けざるを得ないため、高い所では速度が速くなるということを発見しており、これはライヒのオルゴン・エネルギーの観測と一致している。宇宙科学者たちは宇宙に強力なエネルギーの流れがあることを確認しており、〝ニュートリノ（中性微子）の海〟があることが仮定されている。また生物時計や天候の生命への影響について調べている他の科学者たちは宇宙、天候、生命を結合しているエネルギーの存在を証明している。これらの科学者の中には、生物に対する太陽の黒点や天候の影響を、アキュミュレーターに似た装置を用いて、増大したり、消滅させたりすることをやっている人々もいる。

しかし、ライヒが発見したオルゴン・エネルギーは、これらのいかなるものよりも包括的であり、深く掘り下げられて具体的であることは言明しておきたい。オルゴンは測量や撮影が可能であるばかりではなく、見たり感じたりできる上に、この本に記されているように特殊な実験装置を用いることで集積することも可能である。

アキュミュレーターの建造と実験的利用に関する一般原則

(1) アキュミュレーターの内壁面は、金属がむき出しになっていなければならない。ペンキやニスを塗るとアキュミュレーターのオルゴン集積効果が妨害されてしまうが、電気メッキはこの限りではない。

(2) アキュミュレーターの外壁面は、オルゴンを吸収する物質でできていなければならない。一般的には有機質や非金属を用いる。

(3) アキュミュレーターの壁面に、金属と有機質物質を交互に何層か重ねることで、より大きな効果が期待できる。層が多いほど効力も強くなるが、しかし層を二倍にしたからといって効力も二倍になるというわけではない。大きさの異なるアキュミュレーターを他のアキュミュレーターの中に置くことで、より大きな効力を得ることができる。しかし前記(1)(2)の項目に関しては厳重に守ること。

(4) 生物、特に人間を対象にしたアキュミュレーターでは、銅、アルミニュームやその他の非鉄金属は有毒作用があるので、用いてはならない。同様にある種のポリエチレン泡沫（フォーム）もアキュミュレーターに使用した場合、効果が上がらない。

よい吸収体	**避けた方がよい吸収体**
ウール、原綿	木またはポリ・ウッド
プラスチック・シート	ウレタンまたはポリウレタン
セロテックス	合板（のこくずとのりの合板）
ファイバー・ボード	フォルム・アルデヒドなどの有害化学物質を含むもの
アプソン板	
グラス・ウール	
ファイバー・グラス	
ロック・ウール	

よい金属	**避けた方がよい金属**
スチールまたは鉄	アルミニウム・シート
電気メッキスチール	アルミニウム鋼
スチール・ウール	ステンレス・スチール
鉄またはスチールの鋼	銅、鉛
メッシュ・スチール／ブルキ缶合金	

(5) 実験の結果から、アキュミュレーターの形は、素材に比べるとそれ程大きな効力決定要因ではないことが分かっている。しかし、円錐形やピラミッド型、四面体などは、はっきりとした説明はつかないが、時として生命に害を及ぼす効果を現わすことがある。このことを特別に実験的に実証したい時以外は、直方体、立方体あるいは円筒形にする方がよい。良い効果が得られる上に、造るのも簡単である。

(6) できるだけきちんと、きれいに仕上げたいと思うのは当然のことだが、アキュミュレーターの隅をピタリと合わせて造る必要はない。また層も空気がもれないようにしたり、ピッタリと合わせる必要はない。

(7) 特に、生物や人間を対象にしたアキュミュレーターの場合、オルゴンを乱す効果があるような左記の装置がある部屋では絶対に使用してはならない。

蛍光灯
テレビ
コンピューターまたはマイクロ・コンピューター
陰極真空管を使った装置
電子レンジ
ジアテルミー（電気透熱およびその療法）
レントゲン
誘導装置
その他、電磁気を使った装置
イオンタイプの放射性煙探知器

放射性、蛍光物質を使用した時計（ただし燐光性物質を使用している場合はよい）

その他の放射性物質

強い化学香料

(8) たとえばレントゲン装置のように、以上述べたものよりも強力な装置が、現在も使われていたり、あるいはごく最近使用されたことがある建物の中では、アキュミュレーターを使用してはならない。これらの装置や物質はオルゴン・エネルギーを刺激して、ライヒがオラヌール効果と名づけた非常に恐ろしく、危険な状態を作り出してしまう。オラヌール効果が持続すると、オルゴン・エネルギーは活力を失い、死滅してしまう。ライヒは活性を失い死滅したオルゴン・エネルギーを頭文字をとってドールと名づけた。オラヌールもドールも共に人体にとって有毒である。オラヌールやドールが存在している環境の中でアキュミュレーターを使用した場合には、この有害エネルギーだけが、吸収されてしまう。従って、このような環境の中で行われたオルゴン・アキュミュレーターによる実験結果は、直ちに除去されなければならない。

(9) 時にはオラヌールやドールの影響は残存し、広範に影響を及ぼすことがある。汚染のひどい市街地や原子力発電所のある地域に起きる現象である。原則としては、オルゴンの実験は汚染された大都市からはずっと離れた場所で行われるべきである。また原子力発電所及び放射性廃棄物を処理したり、貯蔵している場所からも最低三〇マイル以上離れている必要がある。同様に高圧電流が流れている場所の近くや放送局の近くでの使用も避けた方がよい。オラヌールやドール効果が著しい場所では、アキュミュレーターを造ったり、使用してはいけない。そのようなことをすれば生命を脅かすような結果になりかねないからである。

(10) アキュミュレーターは換気のよい、窓を開けることができる部屋に設置する。使用していない時には、アキュミュレーターのドアやふたは少し開けたままにしておく。また使っていない時には中に水をはった洗面器を入れておき、中がいつも新鮮な空気が満たされ、ピカピカに輝いている状態にしておく。時々アキュミュレーターの内側をぬらした布でふき、湿り気が壁に残らないように拭きとっておく。

(11) 原発事故が最近発生したり、放射性降下物（死の灰）がある場合、アキュミュレーターは絶対使用してはならない。

(12) 砂漠及びその近辺での使用は好ましくはない。砂漠地帯、特に緯度の低い地域には大量のドールが蓄積されている。砂漠の近辺でアキュミュレーターを使用する場合にはいつも水で内壁を清掃し、使用していない時には中に水をはった皿を入れておくことが肝要である。そのようにしても、しめつけられるような感じがしたら、使用を中止するのが望ましい。

(13) アキュミュレーターの中に座った時に、不安や落ち着かない感じがしたら、出なければならない。それは内部にオラヌールかドールがあるという証拠かもしれない。そんな時にはまず部屋の空気を入れ換えて、アキュミュレーターの内壁を湿った布で拭く。テレビや蛍光灯、あるいはそれに類した機械や装置が、近くの部屋、また上か下の階で使用されていないかを確認する。アキュミュレーターの中に座った時の感じは、温かく快適で、ゆったりしたものでなくてはならない。

(14) アキュミュレーターには、湿度が高い日や雨の日にはあまり強い充電効果がみられない。そのような日には地球表面のオルゴンの充電が低い。それはオルゴンの大半が、上空や遠方の嵐雲に吸収されてしまっているためである。天気のよい、太陽のよく照っている日には、アキュミュレーター内のオルゴン・エネルギーが最も高くなる。

(15) オルゴン・アキュミュレーターは高度の高い場所での方が、低い場所よりもオルゴンをよく充電する。また緯度は低い方がオルゴンの充電が強いし、大気中の湿度が低い方がオルゴンをよく充電する。太陽の黒点やフレアの活動が強い時には、オルゴンの充電が強まる。

(16) アキュミュレーターを使って何か実験をする際には、すぐ近くに関連の強い装置を置いてはいけない。アキュミュレーターはエネルギーの場を持っているということ、そしてすぐ近くに置かれたものにはアキュミュレーターの中に置かれたとほとんど同様の影響があることを忘れてはいけない。

(17) アキュミュレーターの中で電気器具を使ってはならない。そんなことをすれば、内のエネルギーに影響が及んでしまう。また内壁の金属は電気を誘導するため、ショックの危険がある。人が座る大きさのアキュミュレーターでは、光が必要な場合には電池を使ったランプか、ドアのすぐ近くに強いランプを置くのがよい。電波受信器は、たとえ部屋の中で使用している場合でも悪い影響はないと思われるが、アキュミュレーターの中でウォークマン・タイプのラジオを聞いた場合の影響については、まだ調査が進んでいない。

(18) アキュミュレーターを使って実験する場合には、アキュミュレーターの中ではあらゆる有機物、あるいは湿った物質がオルゴンを吸収してしまうことを念頭に置く必要がある。実験に直接関係のないものは、一切アキュミュレーターの中に入れないようにしなければならない。

(19) 人が座るタイプのアキュミュレーターでは、座っている人の皮膚が内壁から二～四インチ離れていることが望ましい。座る時には、厚い服はオルゴンの吸収を妨げるため、服の一部を脱ぐ、あるいは全く何も着ないのがよい。中では木の椅子かベンチを使う。木は比較的オルゴンの吸収が弱いからである。金属の椅子でもよいが、冷たくて不快感がある場合には止める。

(20) あまりに頻回にアキュミュレーターを使ったり、一回に長く座りすぎたりすると、頭に圧迫感を覚えたり、軽い吐き気、気分が悪い、目まいがするといったオーバーチャージ（過充電）の徴候が現われる。そのような時にはすぐにアキュミュレーターから出て、しばらく新鮮な空気の下で休むことである。ライヒは、高血圧、心臓の代償不全、脳腫瘍、動脈硬化症、脳いっ血、皮膚炎、結膜炎などの症状のある人には、アキュミュレーターの使用が要注意であると警告すると同時に、オーバーチャージの危険をさけるために、時間を短くするように勧めている。とにかく、アキュミュレーター内に座るのは、一日せいぜい四十五分以内にすべきである。しかし一日に何回かアキュミュレーターを使用することは一向に構わない。

(21) いわゆる「文明化」された生活様式の中には、様々な形で明らかにオルゴン・エネルギーに対し、否定的な影響を及ぼすと思われる要素がある。異論の余地もあることとは思うが、この同じ要素が、人間あるいは生命一般に悪影響を与えている。これはオルゴン・エネルギ

ーが生命エネルギーであるからに他ならない。大気中のオルゴン・エネルギーや地球のオルゴン・フィールド（場）が環境中の否定的な影響を受け乱されるのと全く同じように、私達の体の中にあるオルゴン・エネルギーの場も乱されてしまうのである。

(22) オルゴンの質的状態は、その絶対量ともども、地表のあらゆる場所で絶えず変化している。天候によってアキュミュレーターの充電量が変化するし、環境中に発生するオラヌールやドールも定期的、慢性的にアキュミュレーターが置かれている場所を汚染している。そのためにアキュミュレーターの使用が安全でなくなるということもあれば、少なくとも実験に対して悪影響を与えることは避けられない。アキュミュレーターを実験に用いる場合には、気象及び環境の問題をたえず監視して、注意を払うことが必要になる。

東京でオルゴン・ブランケットを製作中のライヒの長女エバ・ライヒ

オルゴン・アキュミュレーターを用いた簡単な実験と、少し手のこんだ実験

このハンドブックに載せた様式に従って、一つかそれ以上のアキュミュレーターを組み立ててしまえば、自分でいくつかの簡単な実験をして、その効果を確かめることができる。実験中は、環境条件を監察することを忘れないこと。その他の詳しい情報に関してはこのハンドブックに掲載されている事柄を参照してほしい（ハンドブックは近日刊行予定）。また実験の結果および疑問等について、是非私ディメイオのところに連絡してほしい。Dr. James Demeo, Orgone Biophysical Research Lab, PO Box 161983, Miami ,FL 33116.

一、主観的感覚の確認

いつも手を使う仕事をしていたり、深く完全な呼吸のもとに全般的にリラックスしているタイプの人の場合、次にのべる効果を最も確認しやすい。金属壁から約一インチ（一インチは約二・五四センチ）離して、ゆったりと広げた手をオルゴン・アキュミュレーターの中に入れる。そのうちに温かく、何かが放射されているような感じ、あるいはチクチクとするような感じを味わうようになる。これは、スケール・ウールが詰まっているガラスの試験管、シューター・バンドをオルゴン・アキュミュレーターの中で充電して用いた場合にも、同様の効果が確認される。このチューブ（管）は数日、数週あるいは数カ月アキュミュレーターの中で充電されると、それを握ったり、唇や太陽神経叢、その他体の敏感な場所に近づけるたびに、はっきり認めることができる感覚を呼びおこす。これを試すのは、地表上のオルゴンの蓄積が強くなる、よく晴れた太陽の出ている日にすること。曇っていたり雨が降っている日には、この効果も最小になるか、全く現われない。呼吸が浅く、手よりも頭を使って仕事をし、感情的緊張を多く抱えている人の場合には、これらの観察諸見はすぐには確認することができず、もっと時間と努力を必要とする場合がある。

二、暗い部屋での観察

これらの観察の公平をきするためにはライヒ自身が書いているオリジナルの説明を読む必要があるが、子供のころから暗い部屋の中で、もやもやした様々な形や踊っている点のような発光現象を、見ることができたことを覚えていると思う。ライヒはこれらが実在の現象であり、想像上のものや、単に「目に限られた」現象ではないことを証明した。しかし、この現象を再現するためには、自分の目の前にあるエネルギーの形体を破片粒子や、目の中や目の表面にある「浮遊微粒子」と区別することができなければならない。一七〇〇年代から今日

に至るまで、まっ暗闇やうす暗い中で、生物や他の物質の周りでエネルギーを放出している場（フィールド）を見ることができた、敏感な人々が多くの報告をしている。このエネルギーの場から磁気も同様に放出されているので、これも感覚の鋭い人々は捉えることができた。暗い部屋の中では、何台ものアキュミュレーターが置かれたのと同じ状態になり、オルゴンの蓄積が増大するため、これらの効果も強まることになる。適正な観察を行うためにはまず、目を真暗闇の中で三十分ぐらい慣らしてから始めるのがよい。

三、日中、空での観察

踊っている点やオルゴン・ユニット現象は、日中の空でも観察することができる。この現象の観察には、空全部が雲に厚くおおわれているとか、真青な晴天であるとか均一の背景が最適である。木は、まさにヴァン・ゴッホが絵の中に描いて、いるように、このエネルギーを周りから燃えるように出して、それをまた自分の方にひきつけている。これらの観察のためにはリラックスしているのがよい。また自分と無限大のかなたの間のある点を決めてそこに目の焦点を合わせるようにして「焦点をゆるめる」ことも役立つ。中が空洞になっている金属、プラスチック、厚紙などの管を使って空を観察するのもよい。この現象が最もはっきりするのはプラスチックの窓パネルに写った時や、高いところを飛行中のジェット機のプレキシガラスに写った場合である。これらの現象のあるものは、眼球の中だけで起こっていることもあるということを忘れないでほしい。もっともほとんどはそうではないが。これらの現象を対象化するための詳細については、ライヒ自身の書いていることを読んでもらいたい。

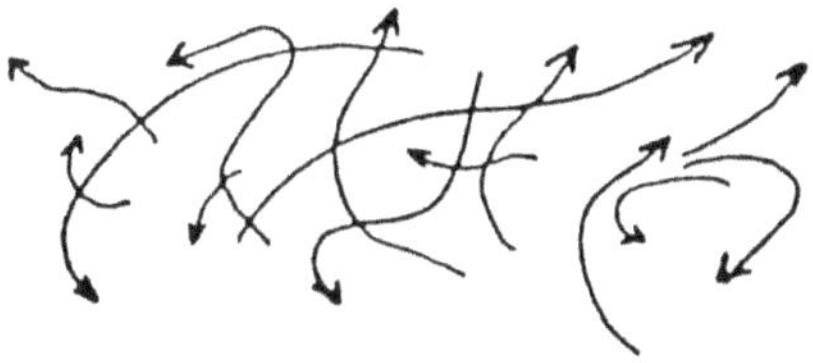

輝いているオルゴン・ユニットが空中を脈動し、いろいろな方向に動いている。寿命は約1秒。

四、庭の植物の成長増進に関する実験

アキュミュレーターが生命に肯定的な影響をもたらすということは、種をアキュミュレーターの中に入れておくと、その後の成育が増進されるという事実から観察することができる。庭に植える種を二つのグループに分けて、各々にAとBのラベルを貼っておく。Aグループの種は植えるまでの間オルゴン・アキュミュレーターの中に入れておく。その期間は数日、数週、数カ月にわたることがある。Bグループの種はなるべくアキュミュレーターから離れた、しかも温度、湿度、光などの条件はAと類似した場所に置いておく。この期間中、種はプラスチックや紙のバッグの中に入れておいてもいい。アキュミュレーターの中での照射充電が完了したら、AグループとBグループの区別がつくやり方で各々の種を庭に植える。両グループの成長を記録や写真にとって、比較する。また、収穫数や量をはかる。アキュミュレーターに入れられた方のグループは、成長もはやく、収量も多いはずである。

五、植木鉢の植物へのオルゴン照射

やり方としては実験四と同様に、植える前にアキュミュレーターの

中に種を入れておく方法、用いる土や水をアキュミューレーター内でチャージしておく方法がある。また「周りをとり囲むタイプ」のアキュミュレーターを作ることもできる。上下の開いた金属の缶を、プラスチックとスティール・ウールで交互に覆っていく。必ず外壁のプラスチックを厚くし、絶対アルミニウム製品は用いないこと。スチール・ウールはぎゅっとつめないで、フカフカの状態のままにしておく。

六、家庭でできる発芽実験

アキュミュレーターが生命に肯定的な影響をもたらすことは、発芽の増進現象にもみることができる。発芽装置を覆うアキュミュレーターを作る。アルファルファの入った発芽容器を、一つは暗い棚の上に、もう一つはアキュミュレーターの中へ入れる。温度、通気性、光などの条件が両グループとも同じになることを確認する。両容器に入る種の量を同じにし、また水の量もほぼ同量になるようにすること。成長や味の違いを観察、記録する。アキュミュレーターに入ったグループが成長もよく、収量もよいはずである。

七、実験室での発芽実験

底が平らなガラスの小さな浅い皿か、直径が四インチでへりが一インチの浅いガラスの実験皿を用意する。各々の皿に決まった数のリョクズ（緑豆）を入れ、定量の水を入れる。水は豆の半分位かぶるようにする。豆の上部は、必ず空中にさらされているように確認する。皿を二つのグループに分け、一つをアキュミュレーターの中に入れ、もう一つは同じようなつくりの木の入れ物の中に入れる。アキュミュレーターも木の入れ物も光が入らないように黒いプラスチックで覆う。木の入れ物も通気のよい、光や温度の条件が同一の部屋に置く。毎日プラスチックの覆いを開けて、水が最初に入れたのと同じ量になるように必要量だけ追加する。発芽が四インチの高さになった時に、発芽の割合、芽の大きさ、成育状況、その他の特徴を観察する。両グループを比較してみれば、アキュミュレーターに入れたグループの成育、収量ともに、コントロール群を上まわっていることが分かるはずである。

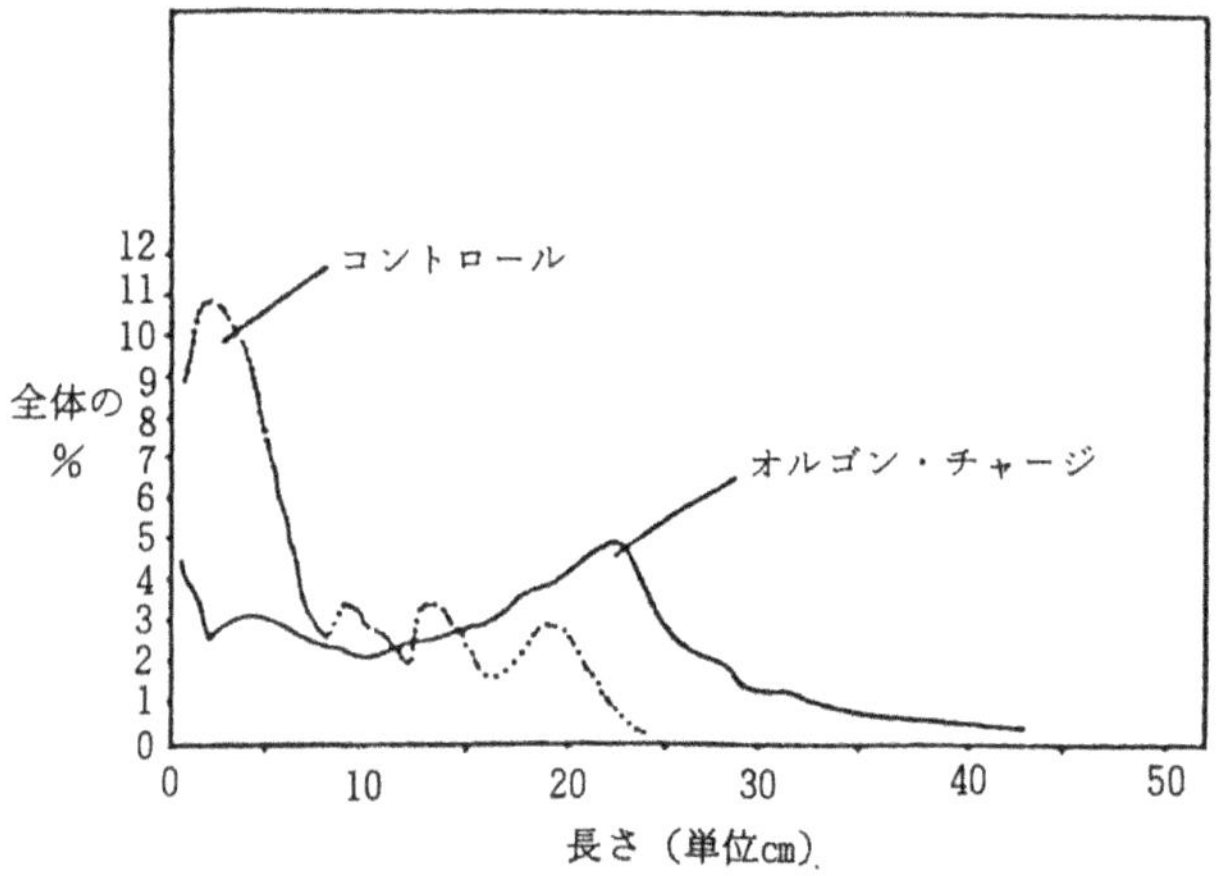

オルゴン・アキュミュレーターの内に入れたグループとコントロール・グループの緑豆の発芽の比較
（「オルゴン・アキュミュレーター内の種の発芽，J．ディメイオ」（オルゴノミー・ジャーナル1978年12号、253〜258ページより）

八、生命エネルギー写真

オルゴン・エネルギーの場の写真は、磁気誘導コイルを必要としないということを除けば、キルリアン電気写真とほとんど同じ方法で写すことができる。暗い部屋と暗室、あるいはプリントを一枚ずつ現像してくれるカメラショップを利用できればよい。まず写真屋で感光性のカラーか白黒フィルムを求める。暗室の中か、赤色光以外では包みをあけてはいけない。その中で実験することができる、独立した、何も置いてない、光を通さないフィルム写真箱がいる。暗闇の中で、フィルム・ペーパー一枚を抜きとり、空のフィルム箱の底に置く。そのフィルムの上に花のつぼみ、葉、果物、発芽している種、磁石、また他のエネルギーを持つ生物、あるいはかつて生きていた物体などを置く。箱のふたを閉め、オルゴン・エネルギー・ブランケットでそれを完全に覆うか、強力なオルゴン・アキュミュレーターの内部に設置する。フィルム・ボックスに光が絶対に入らないようにする。フィルム・ボックスとブランケットを黒いプラスチックで覆うか、あるいは、他の方法で、フィルムに外部の光が絶対に届かないことを確認する。一、二日あるいは一週間ぐらい待ち、写真を現像する。するとフィルムの上に、上に置いた物体に関連のある形が感光しているのが認められるであろう。感光度の違うフィルムや様々なタイプのフィルムを用いて実験してみる。雨の日では、オルゴン・チャージが弱いので、フィルムの感光にはより長く時間がかかることを覚えておいて欲しい。フィルムに伝わるオルゴン照射を強めるために、感光中に金属板をフィルムの下に直接置いてみる。実験中の気象条件の記録もとっておくとよい。これらの写真には、キルリアン電気写真でとったのとほぼ同じような形が写っている。ただしここでは電気の場は写っていない。ここに写っているのは一〇〇％オルゴン・エネルギーによって強められ、直接フィルムに記録された生命エネルギーの写真である。

九、アキュミュレーターによる温度差効果

ライヒはアキュミュレーターの内部で感じられる、温かい光るような感覚が客観的側面を持っていて、感度の高い温度計で計ることができることを示した。密封されたオルゴン・アキュミュレーターの中で空気は自然に温められて、周囲の気温、あるいは金属を用いずに作ったコントロール・ボックスの中の気温と比べ数度高くなる。ライヒはこの実験によってオルゴン・エネルギーの存在が示されて、またそのエネルギーが熱力学の第二法則に違反するものであることを確信して

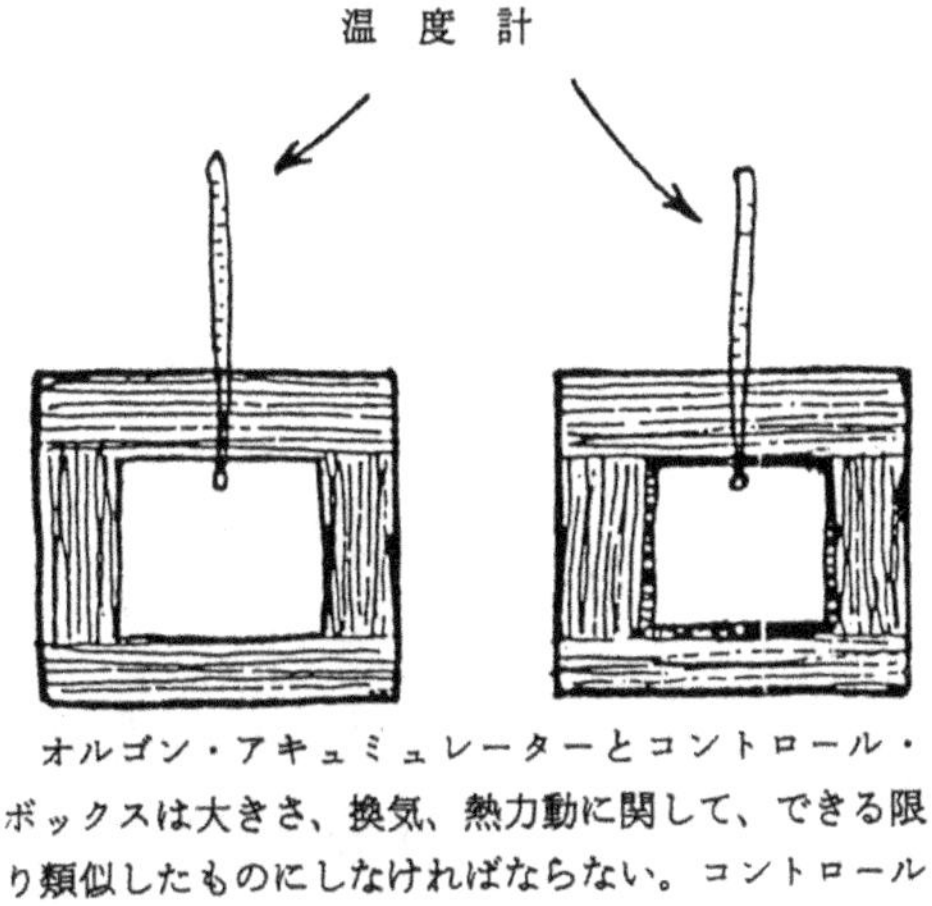

オルゴン・アキュミュレーターとコントロール・ボックスは大きさ、換気、熱力動に関して、できる限り類似したものにしなければならない。コントロール・ボックスの内径と外径は全く同じで、プラスチックとファイバーグラスも同じ厚さのものを使用する。しかしコントロール・ボックスには金属板とスチール・ウールを使用してはならない。金属はアキュミュレーターの製造には使用するが、コントロール・ボックスには絶対に使用しない。両装置の周りの環境条件もできる限り似たものにして、外の条件も監視しなければならない。

いた。アキュミュレーター内温度の明確な特異差の測定には、高レベルの実験が、温度的に調整されたアキュミュレーターとコントロール・ボックス内で、長期にわたり体系的に行われる必要がある。これらの実験についての完全な詳細にわたる実験レポートに関しては、参考文献の項に載せてある。しかし、ライヒは、オルゴン・アキュミュレーターが地中に埋められて、アキュミュレーターの上の面に太陽が十分に当った場合には、温度差がさらに大きくなることを観察している。これはこれからの研究が待たれる分野であり、私は研究者の皆さんがこの分野に着手されることを強く勧めたい。

十、アキュミュレーターによる静電気効果

金箔かアルミニウムの簡単な静電検電器を手入する。これがどんなものか分からない時には、図書館に行けば分かる。偏差値が正確に測定できるように、〇から九〇までの目盛りがついていることを確認する。絹の布とゴム、あるいはプラスチック棒をこすり合わせるとか、プラスチックのくしを乾いた髪の毛に何度もすべらせて、静電気を集めて検電計に送り込む。ストップ・ウォッチか秒針つきの腕時計を使って、あらかじめ作られていた角度を通って静電気が流れ出すまでに、どのくらい時間がかかるか計る。たとえば、検電計が五〇度から三〇度までになるように、静電気を放出するのにどれくらい時間がかかるか測定するとする。六〇度まで充電した場合には、まず五〇度になるまで待って、三〇度になるまでにかかった時間を測定する。経過時間が検電計の放出度になる。太陽の照っている日には、放出度は最大になり、雨の日には放出度は最低になる。まず、第一に検電計を充電することもほとんどできない場合もある。オルゴン・アキュミュレーターの中で、検電計の放出度を測定すると、大気中で行うよりも長い時間がかかることが判明する。まれには、アキュミュレーターの中にしまっておかれるだけで、検電計が自然に充電してしまうこともある。しかし、雨の日にはこれらの効果も消滅する。もっと詳細については参考文献を参照されたい。

十一、アキュミュレーターの蒸発抑制効果

この実験を行うためには、何十分の一グラムまで読みとれる鋭敏な秤が必要である。さらに、アキュミュレーターと木かプラスチック製の同じ大きさで温度調節がなされているコントロール・ボックスも必要である。コントロール・ボックスの内壁が木の場合には、エナメルかセラックのような非金属の防水物質を内側に貼る。だいたい直径がセンチで　センチのへりがついている実験用皿のような、形と大きさが等しいガラスの器を二つ用意して重さを量る。きれいに洗って乾かした時の各々の重さを記録しておく。次に各器に、だいたい半分位まで、同じ量の水を加える。ここで各器に加えた水の量を差し引いて器の重さを計る。皿の底が直接アキュミュレーターの内側に触れないように、小さな木片を置いて、その上に水の入った皿を乗せる。空気が循環するように、アキュミュレーターのふたはしっかりと固定してあけておく。しかし強い風が吹いたり、日が当たる場所には置かないように注意する。同様の方法でもう一つの皿をコントロール・ボックスの中に置く。コントロール・ボックスはアキュミュレーターから少なくとも一メートル離れた場所に置く。この時日照、温度、風の具合

が同じようになるようにすること。光のわずかの差も取り除くためには、アキュミュレーターとコントロール・ボックスの両方に黒のプラスチックカバーをかけるのが望ましい。正確に二十四時間後、水をこぼさないように注意して皿を取り出す。皿の重さを量って、蒸発した水をはかる。この測定を一日に一回ずつ継続して行い、各器から毎日蒸発した水量を測定する。夕方行うのが望ましい。コントロール・ボックスの中では晴れた太陽の照っている日には水の蒸発が非常に多くなり、その一方でアキュミュレーターは蒸発を抑制していることが判明する。雨の日の蒸発は両方とも、ほとんど同じである。二十四時間毎にコントロール・ボックスから蒸発した水量から、アルゴン・アキュミュレーターの蒸発量を差し引く。これはEV_0－EVと呼ばれ、その場所の大気中およびオルゴン・アキュミュレーター中のオルゴン・エネルギーの充電量の変化を示す。

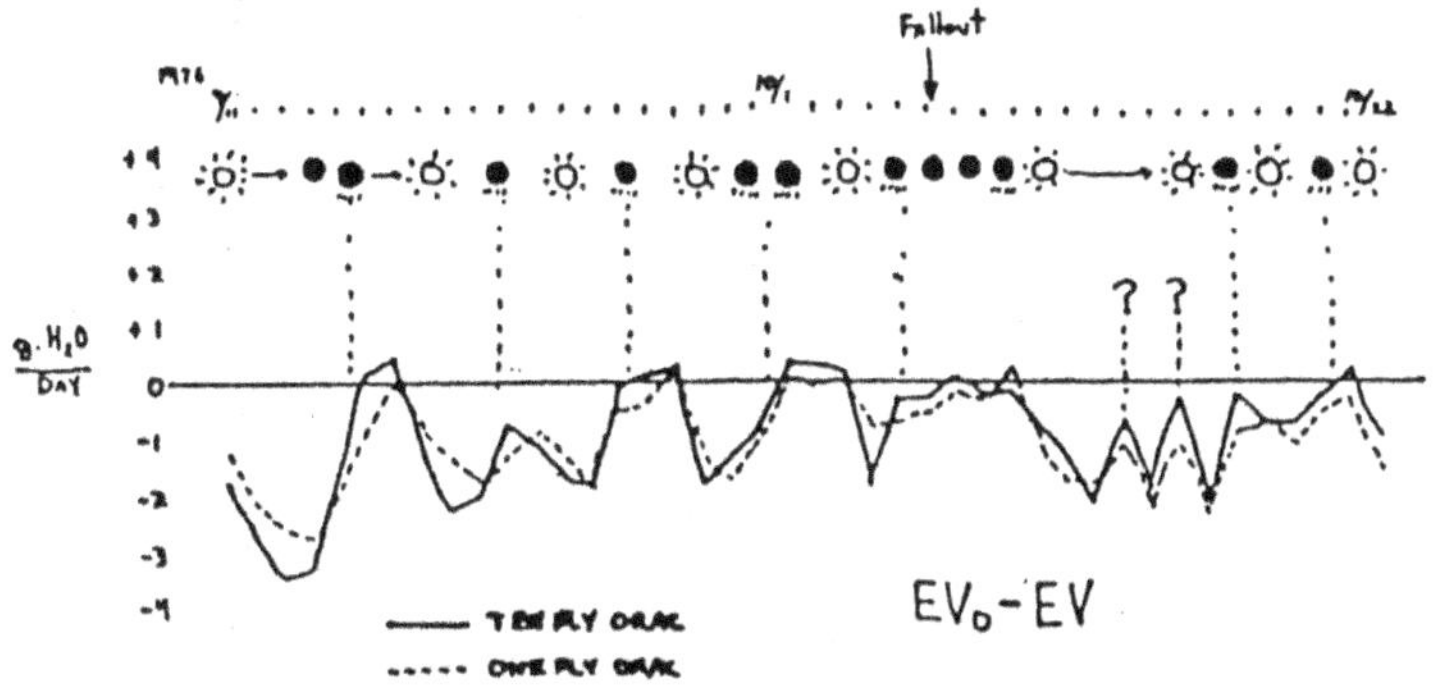

このカーブに示されているのは、一フィート立方の十層のオルゴン・アキュミュレーターから毎日蒸発した水量と、同様の一層のアキュミュレーターから蒸発した水量から、各コントロール・ボックスからの蒸発量を引いたものである。アキュミュレーターは、晴れた太陽のよく照っている日には充電が高まるので、内の水の蒸発が抑制される。一方コントロール・ボックスは毎日アキュミュレーターより最高数グラムずつよけいに、かなりの高率で水を蒸発し続ける。湿度の高い嵐の日には、地表のオルゴンの充電が嵐雲に吸収されてしまっているため、この効果も消滅する。たとえば死の灰が実験室にまで降ったというようなこと（上記）が起きると、カーブの規則性に説明のつかない変動が起きることがある。

（ディメイオ著「オルゴン・アキュミュレーター内の水の蒸発」（オルゴノミー・ジャーナル、14、1980年、171〜175ページより）

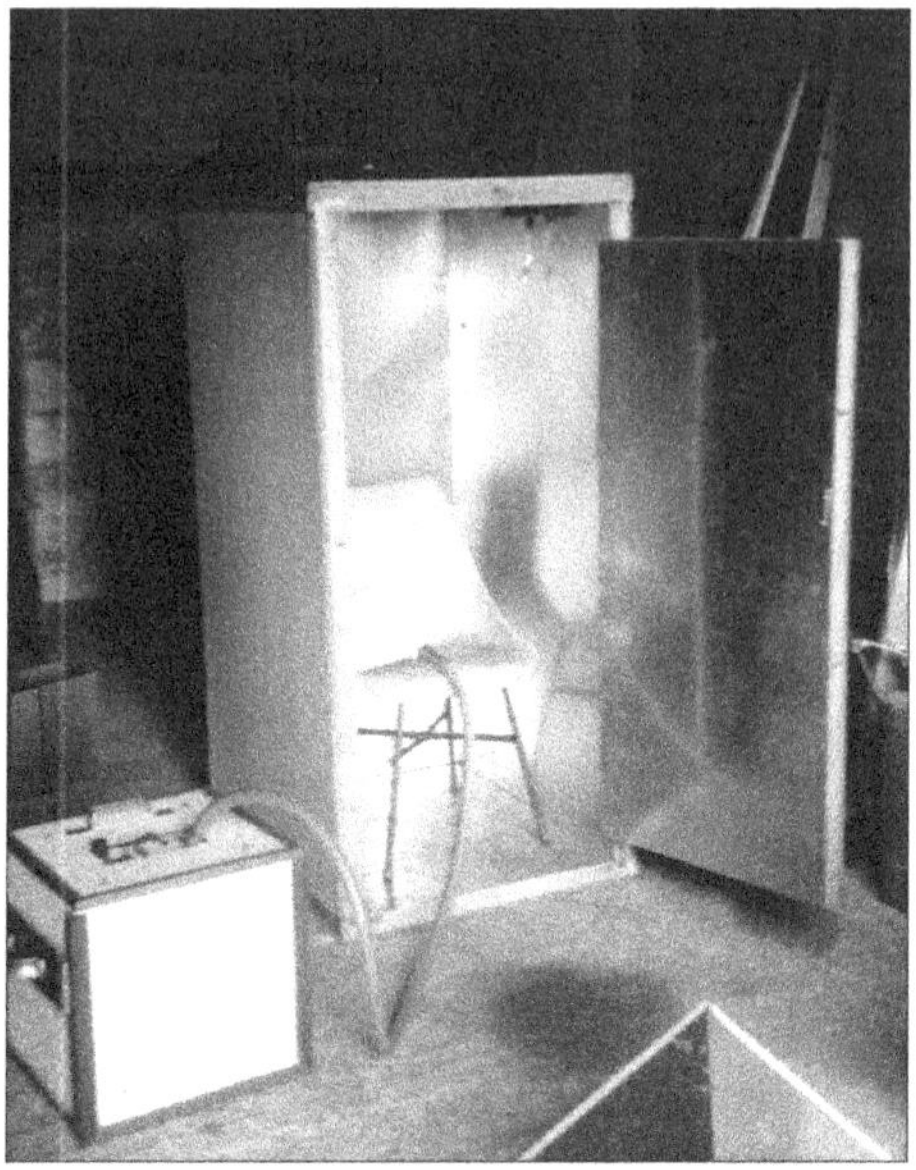

三層の大きな実験用アキュミュレーターの建造

これは十分に座れるだけの大きさがあり、六枚の長方形のパネルで構成されている。パネルは各々、木枠、約二十七 gauge の電気メッキを施されたメタル・スチール、スチール・ウール、ファイバー・グラス、コルテックスで作られている。木枠の一面には電気メッキされたメタル・スチールがはられ、もう一面にはコルテックスがはられる。その間にファイバー・グラスとスチール・ウールの交互の層がはさまれている。

上図は筆者の実験室にある三層のアキュミュレーター。ろうと状のファンネル付属の十層のアキュミュレーターが左下はじに置かれている。これは普通は、大きなアキュミュレーター内の小さな木のベンチの内部に収納されている。木のベンチには人が座る。

各工程の説明

(1) 各人の必要に合わせてパネルの大きさを測定し、パネルの重なり部分を加える。横と後ろのパネルは、底パネルの端の上に乗るようにする。後ろパネルは両横パネルの間にはまり込むように置く。天井パネルは横、後ろパネルの上にかぶさるように置く。ドアのパネルは、

両サイドパネルの間にはめ込み、ドアを閉めた時に、きちんとはまるようにする。このやり方が最も簡単で効果的だと思う。座高に合わせたアキュミュレーターの寸法を左に書いたが、体重は標準に合わせてある。内壁金属面から皮膚が離れるにつれて、アキュミュレーターの効果が減少する。そこで、体が極端に大きかったり、小さかったりする場合にはアキュミュレーターの大きさは慎重に調整する必要がある。

	大きいサイズ	中サイズ	小さいサイズ
パネルの大きさ	大	中	小（単位センチ）
天井パネル	75×90	61×76	56×71
底パネル	75×90	61×76	56×71
左側パネル	90×145	76×137	71×127
右側パネル	90×145	76×137	71×127
後ろパネル	63×145	53×137	48×127
ドアパネル	63×132	53×122	48×112
内面の大きさ			
高さ	145	137	127
巾	63	53	48
奥行き	80	66	61

必要な計算

高　さ＝椅子に直立して座った高さ＋約 7.6センチ
巾　＝肩巾＋約10センチ（左右各5センチ）
奥行き＝座った時の膝と背中の距離＋ 7.6センチ
1インチ≒2.54センチ

外壁はすべて非金属、有機物質（コルテックス）

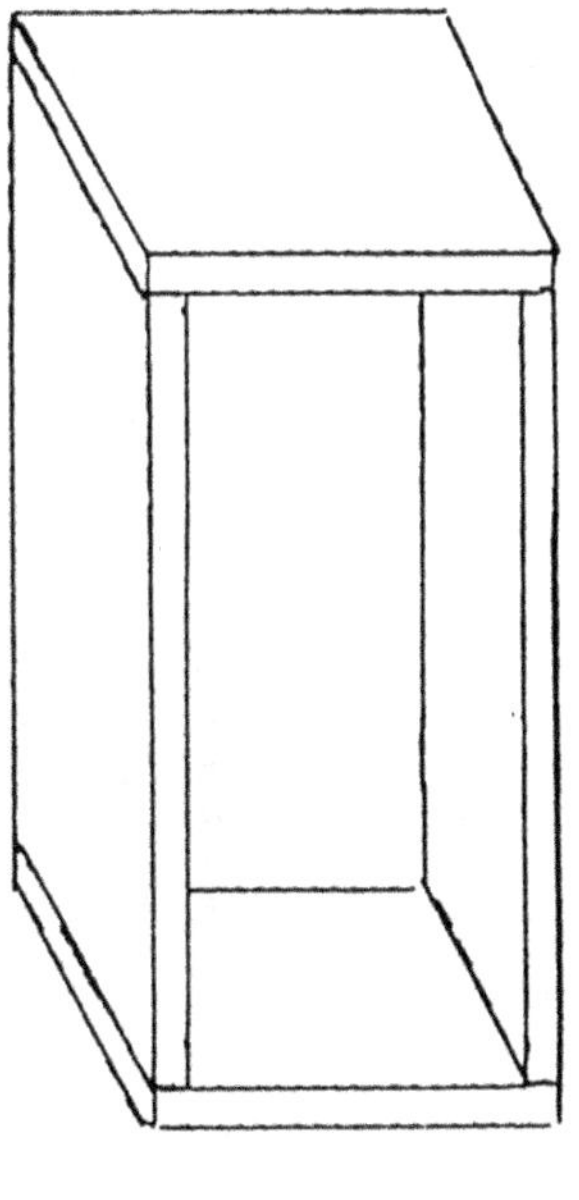

前トビラを取りはずした正面図

天井パネルは側面と後ろパネルの端の上にのる。
側面と後ろパネルは底パネルの端の上にのる。
内壁はすべて金属面（電気メッキしたスチール・シート）

(2) 縦¾インチ、横½インチの松の角材で（一般に〃ワン・バイ・ツーと呼ばれているもの）額縁のような形の木枠を造る。これは自分の体の大きさから割り出したアキュミュレーターのサイズに合わせる。すべての接ぎ目をくぎと接着剤でつなぎ合わせる。

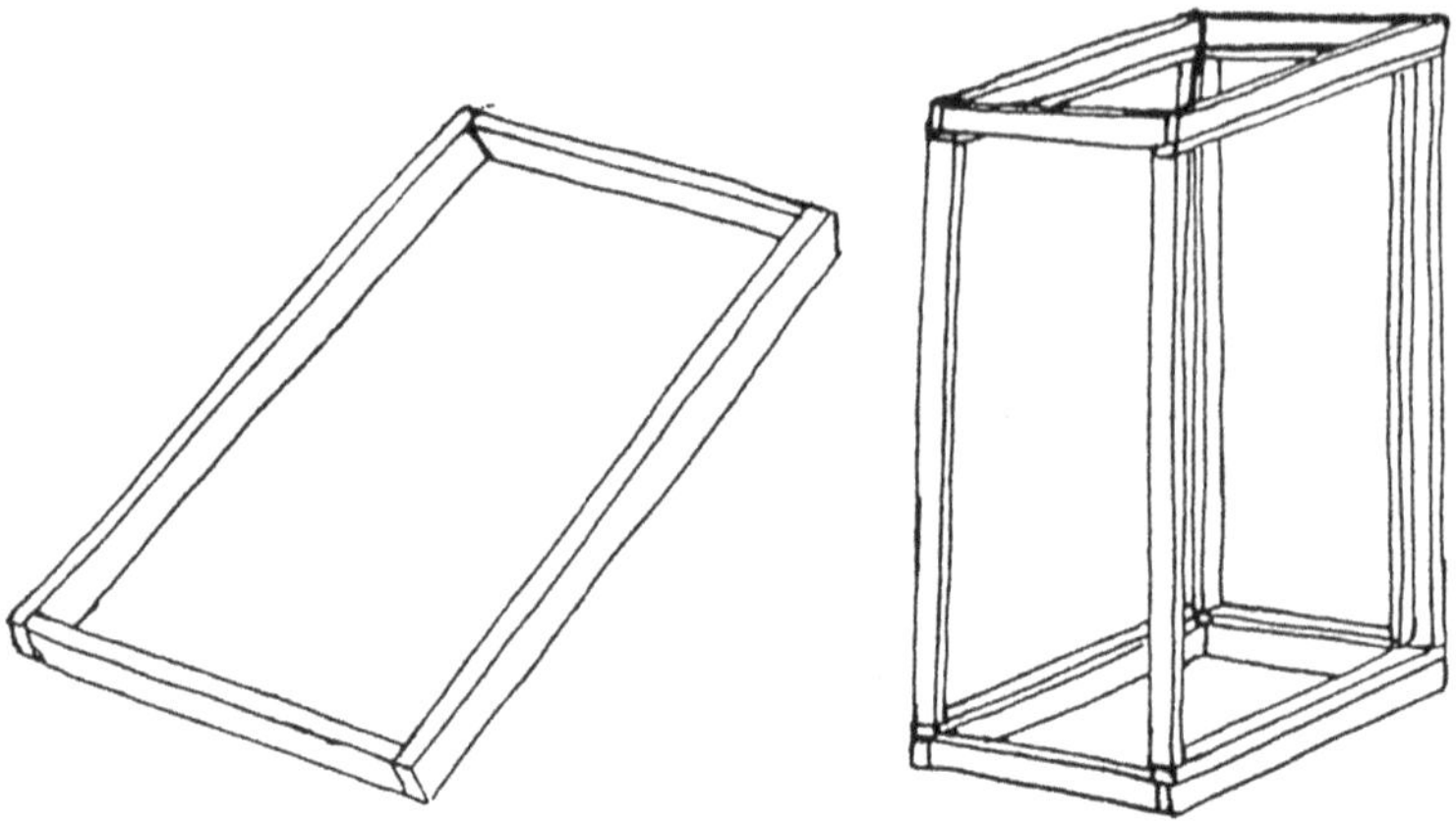

アキュムレーターのパネルの木枠

(3) パネルをはめ込む前の木枠をアキュムレーターの完成図に合わせて組み立て、すべての寸法が適切に測られ、切断されているかどうかを確認する。どこかにまちがいがあれば、ここで修正する。高価なコルテックスや電気メッキをしたメタル・シートはその後で切ること。

(4) 各木枠の片面を完全に覆うようにして、サイズに合わせてコルテックスを切断する。各木枠にコルテックスをくぎと接着剤ではりつける。底パネルにはコルテックスの代わりに¼インチのポリ・ウッドを使用する。

アキュムレーターの内壁側

アキュムレーターの外壁側

横、天井、後ろ、ドアの各パネルの接合部分

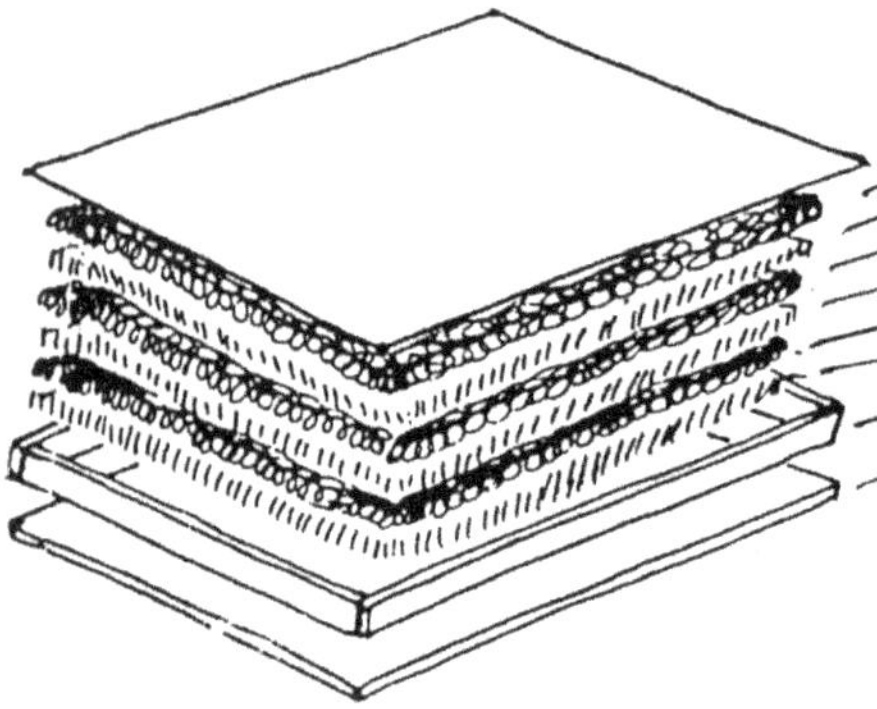

完成パネルの分解図

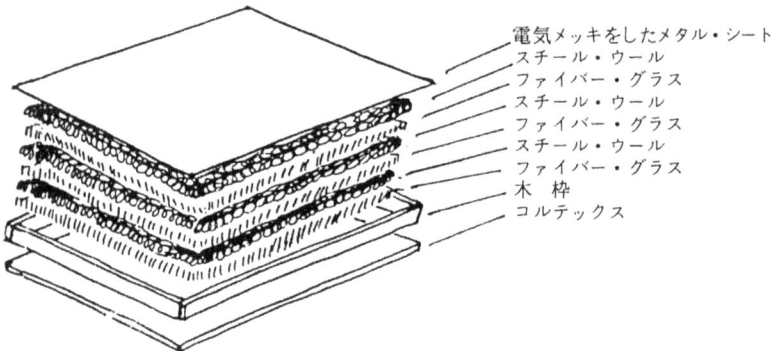

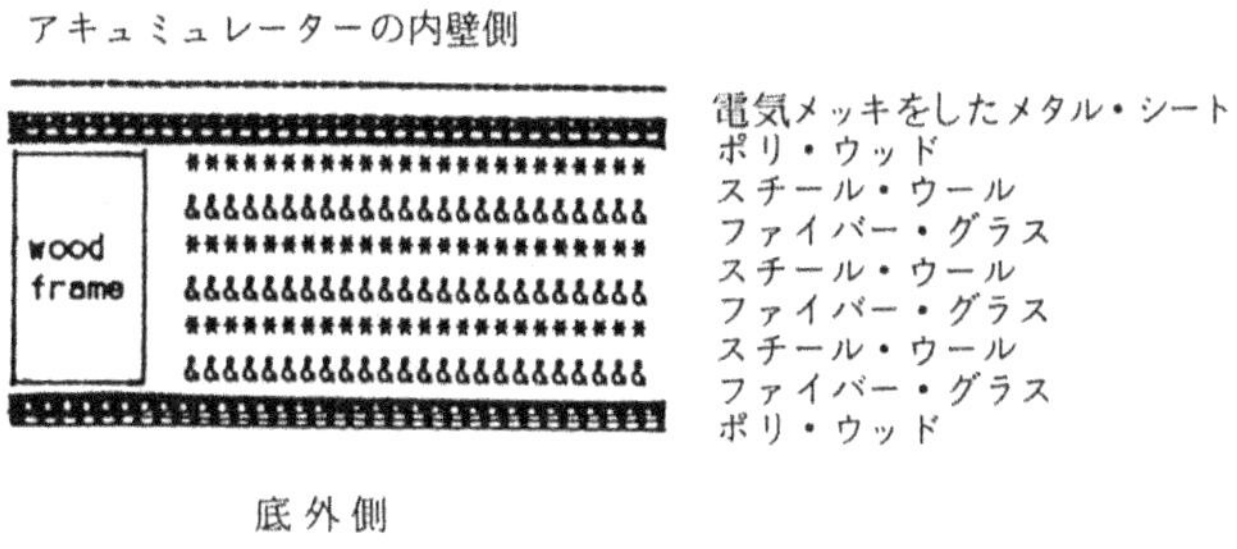

底パネルの接合部分

(5) ¼インチ（六ミリ）厚さのファイバー・グラス（あるいはウール、綿、ロック・ウールなど自分の選んだ原料）を大きさに合わせて切り、木枠の内側に入れる。ファイバー・グラスを用いた場合には手袋とマスクを着用のこと。この時にはぎゅっと詰め込みすぎないことが大切。かたまりや穴のある部分は使わない。

(6) 目の細かい（00か000）スチール・ウールの巻いたものをほどいて、ファイバー・グラスの上に敷く。ほどいた時と同じふわふわした状態のままで用い、できるだけ層の厚さが一定になるようにする。大きなサイズのスチール・ウールの巻き物が手に入れば、アキュミュレーターの建造がスピード・アップできる。

(7) スチール・ウールの上にファイバー・グラスを重ねる同じ工程（(4)と(5)）を繰り返す。

(8) (7)をもう一度繰り返す。

(9) 各パネルの木枠の中には、これでファイバー・グラスとスチール・ウールが交互に三層詰め込まれたことになる。パネルの中のものはぎっしりと詰められていなければならない。最後の層にあたるスチールのプレートを張る前に中のものを少し押えることが必要な場合もある。有機物としてファイバー・グラス以外のものを用いた時には、木枠の中にしっかりと詰め込まれていないと、パネルを最終的に閉じてまっすぐに立てた時に、中味の層がくずれ落ちる心配がある。このような状況が予想されるならば、この段階でくずれを防止する手を打つことが大切。

(10) パネルと木枠の両方が覆われるように、電気メッキをしたメタル・シートを切る。二十七 gauge（ゴーシ）位の一番軽いメタル・シートを使用する。これだと周りを手バサミを使って切ることができるし、パネルの強度を補強することもできる。必要な場合には小さな穴あけ用のパンチを使って、しっかりと木枠にくぎで固定する。小さな鉄鋲がメタル・シートに簡単に打ちつけられない場合には厚すぎるものを使っていることも考えられる。くぎで打ちつけた後は、周りをやすりやハサミでトリミングしておく。

(11) ドアの蝶つがいは注意して穴をあけて、ドアパネルと横パネルに取りつける。ドアの上下には換気用に七・五センチメートル位のすき間を残しておく。ドアの蝶つがいには、取りはずしができるピンを用いる。こうしておけばアキュミュレーターを移動したい時には、二枚のパネルを簡単に分けることができる。高さを合わせて蝶つがいを取り付けたら、ピンをはずして両パネルを組み立て用に分解する。

(12) 各パネルを組み立て固定する。まずL字形の金属のすじかいで、一方の横パネルを底パネルに固定する。後で移動する時簡単に分解で

きるように木ねじを使う。同じような要領でもう一方の横パネルを底パネルに固定する。後ろパネルには別途、底と横パネルの木枠に斜めのすじかいを渡して固定する。天井パネルをのせ、同じ要領で両横と後ろパネルに固定する。もうアキュミュレーターはしっかりと組み立てられ、ほとんど完成に近い。

(13) ドアを横パネルの位置に置き、ピンで蝶つがいにはめ込む。ドアが開閉すること、ピタリとしまることを確認する。

(14) 蝶つがいの反対側のドアに、フックとフックの小穴をつける。そうすればアキュミュレーターの中に入っている人はドアが自然に開くことがないようにできる。使っていない時にも、ドアがちゃんと閉まっているようにしたい時には、外側にも同じものをつければよい。

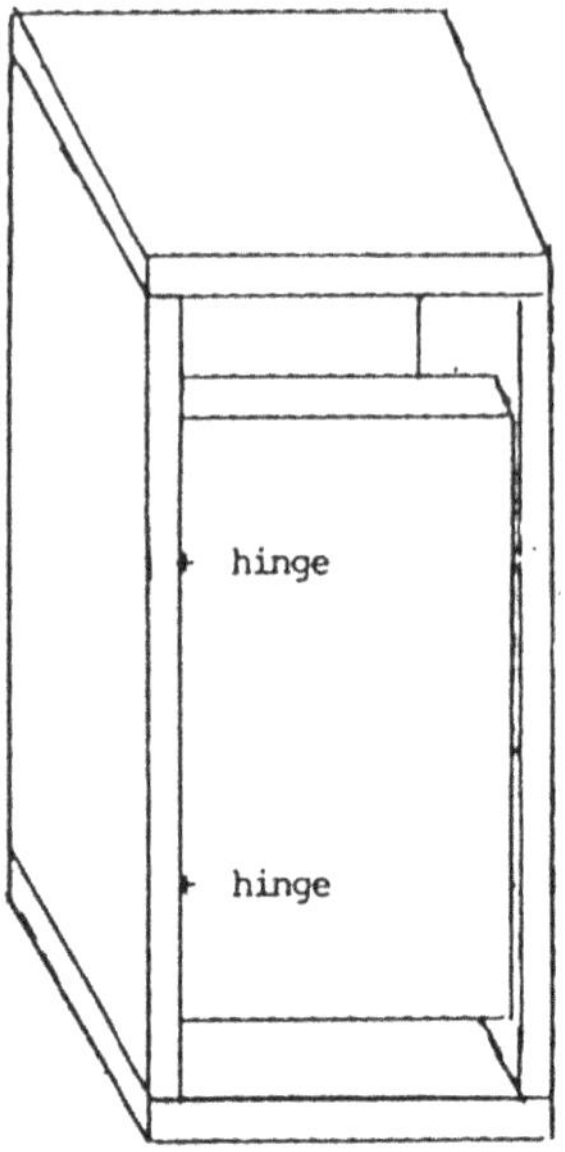

ドアの上下に各3インチ(7.5cm)の換気用のすき間をあける。必要な場合は虫よけの網をドアにはる。

ドアの内側は止め金で固定する。

(注)簡単に組み立てや取りこわしができるようにはずせるピンがついた蝶つがいを使う。

ドアを取り付けたアキュミュレーターの正面図

後ろ底側のかどどめの図表
木ねじを用いること

実験用の十層アキュミュレーターの建造

非常に強力な一フィート四方、十層のアキュミュレーターの造り方は以下の要領で行う。

十層、一立方フィートのアキュミュレーター。プラスチックがはってある中空金属ケーブルによってろう斗状シューターが付属している。種を充電したり、他の実験をするために筆者が作ったうちで最も強力なアキュミュレーター。

(1)　一辺が一フィート（約三十センチ）の正方形の電気メッキをしたメタル・シートを六枚用意する。厚い銀のダクト（送出管）用のテープで五枚の板をつなぎ合わせて立方体を作る。一つの面だけはあけておく。

(2)　このアキュミュレーターの層を作る時には、スチール・ウールと透明なカーペット保護用プラスチックだけを用いる。カーペット保護用プラスチックというのは、最近の建築の中で使われているものでカーペットの摩耗を防ぐためのもの。金物屋やデパートで巻いたものを売っている。あまり安くはないが、とても効果的である。一番外側の層には、木枠の上にコルテックスをはりつける。

(3)　交互に十層つみ上げられたプラスチックとスチール・ウールは、だいたい五センチの厚さになる。カーペット保護用プラスチックには普通、カーペットと接する面に小さなチクチクのものがついている。これは、スチール・ウールが動かないように固定するのに、とても役に立つ。

(4)　プラスチックとスチール・ウールの層の厚さが約五センチとして立方体をした外側のコルテックスは、内径が各十六インチになるように組み立てる。下記に書いた寸法に合わせて六枚のコルテックスを切る。

コルテックス・パネル(単位センチ)

天　井	43×43
底	43×43
横2枚	43×40.6
横2枚	40.6×40.6

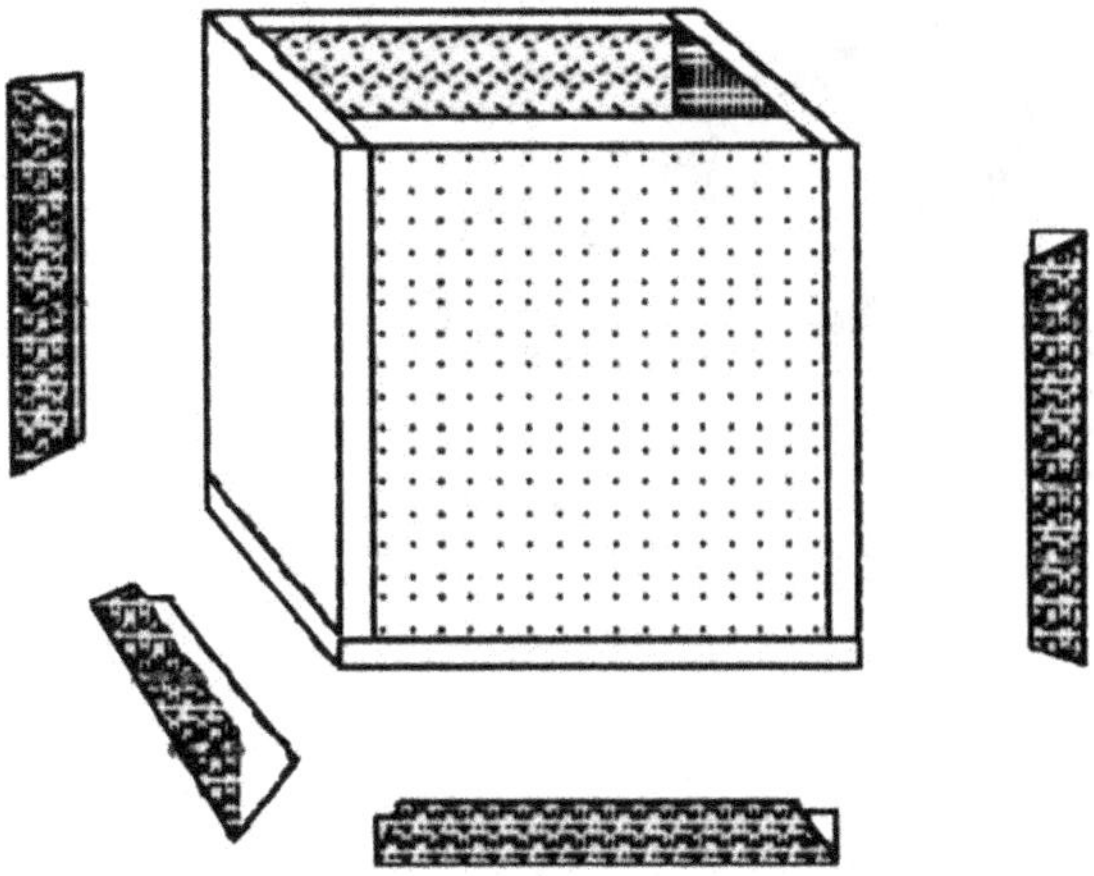

外側コルテックスの組み立て

(5)　小さなくぎと接着剤を使って、六枚のコルテックス・パネルのうち五枚を組み立てる。立方体を作るわけだが、一番上の面は固定しな

いこと。作業を進める前に、コルテックスで作った立方体を全体によく乾燥させる。次に留め継ぎ箱を使って、コルテックスの箱の外側の角にはめる木のコーナーを切る。木のコーナーをコルテックスの箱にくぎと接着剤で止め、アキュミュレーターをしっかりさせる。

(6) カーペット用プラスチックを一辺が40.6センチ大の正方形に切り、二十枚用意する。このうち十枚はあとで使うので横にどけておく。この十枚のカーペット用プラスチックは、コルテックスの箱の底の内側にスチール・ウールと玄互に重ねて敷いていく。この時ブツブツのついている方は上を向けておく。プラスチックを十枚重ねたら、最後にその上にスチール・ウールを広げておく。つまり、コルテックスの箱の底の一番上の面にはスチール・ウールが敷いてあることになる。

(7) 電気メッキしたメタル・シートで作った立方体を、プラスチックとスチール・ウールの層の上にのせるようにして、コルテックスの箱の中に入れる。コルテックスの箱を大きさをまちがえずに作ったとすれば、金属立方体の一番上の面がコルテックスの箱の一番上の面より約五センチ下にあることになる。また四方サイドも各五センチすき間がある。

(8) 30.5センチ×40.6センチ、30.5センチ×30.5センチのプラスチックを各二十枚切る。これは金属とコルテックスの箱の間の層に用いる。プラスチックとスチール・ウールを交互に重ねて各十層の束を作る。すき間の中に垂直方向で入れる前に、平らな場所でまずこの束を水平に作る。

(9) 縦40.6センチ、横30.5センチのプラスチックとスチール・ウールの束を二つ、コルテックスと金属の間に向かい合わせに入れる。短い方が水平位置で揃うようにする。プラスチックの上の端と金属立方の上の端がピタリと揃って、コルテックスの箱から約5センチ下がっていること。

(10) 残りのプラスチックとコルテックスを束ねたものを、空いているすき間に詰め込む。プラスチックの上端はここでも、きちんと金属立方体の上端と揃って、コルテックスの箱の上端から約5センチ下がっている。

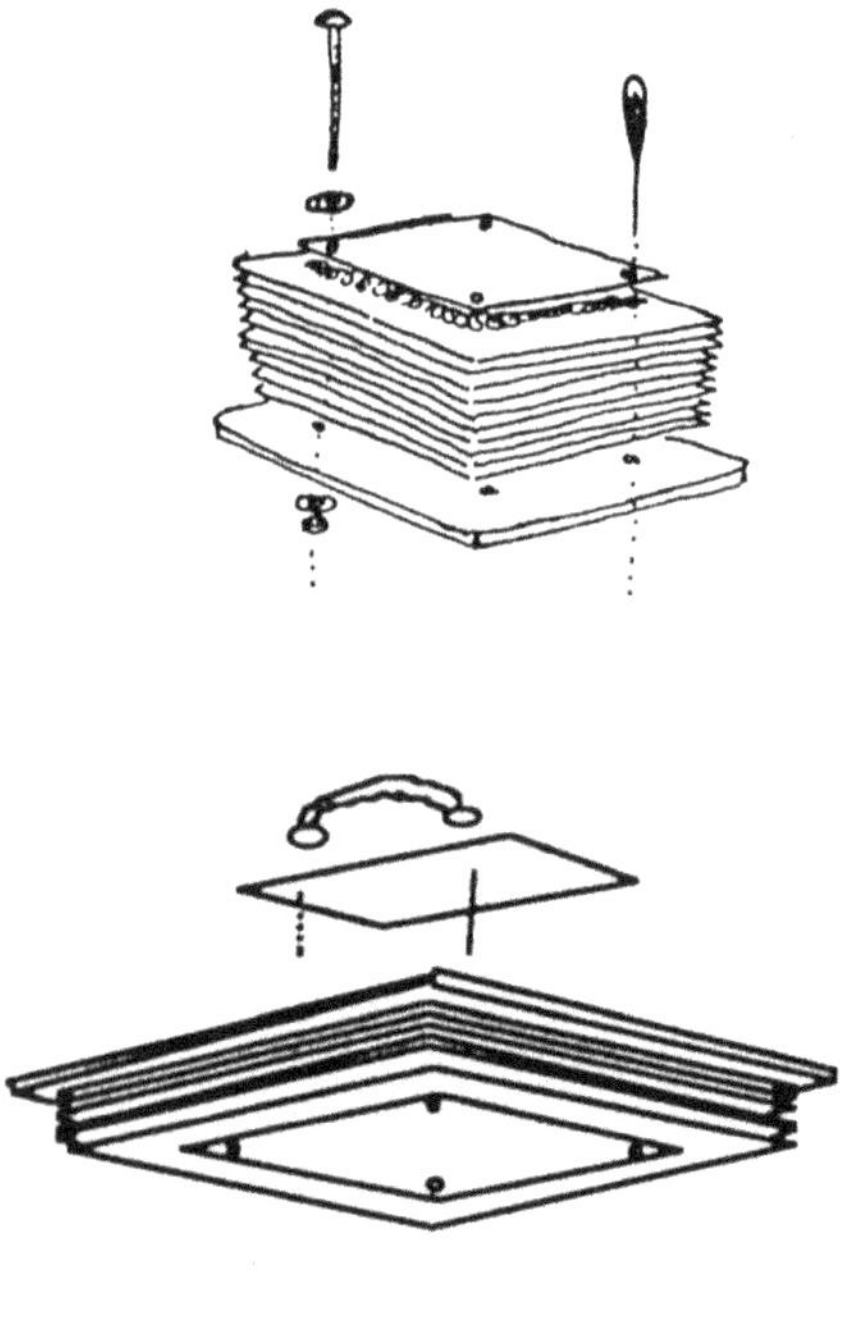

アキュミュレーターのふたの組み立て

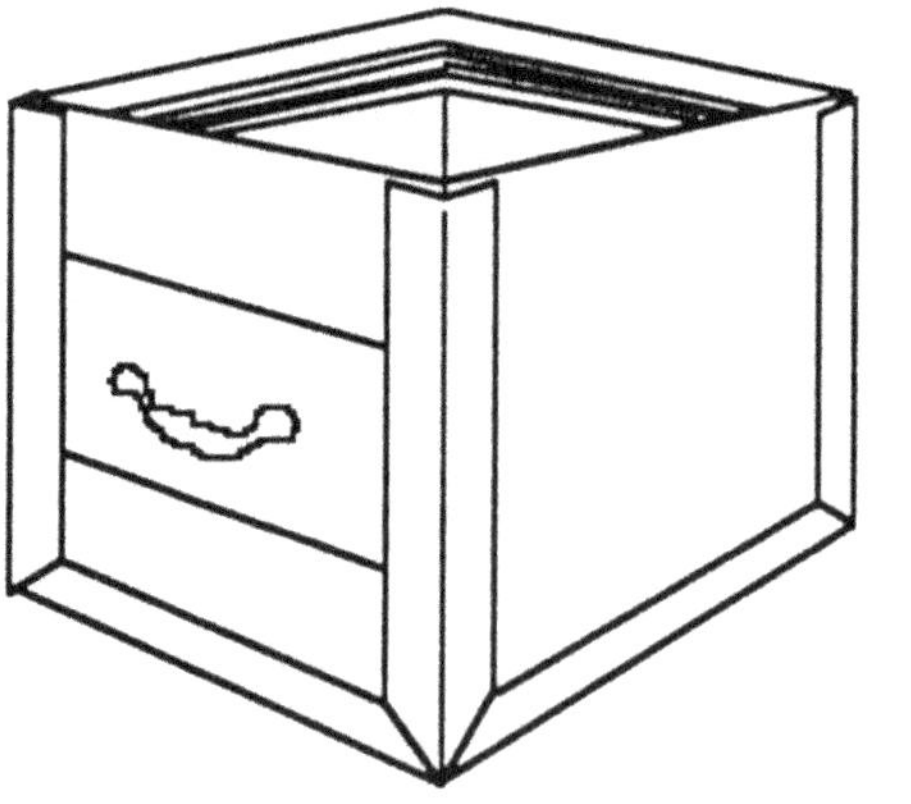

⑾　残してあった十枚のカーペット保護用プラスチックとスチール・ウールを交互に重ねて、一辺が40.6センチの束を作る。作り終えたら横に置いておく。今までのものと違って、最後のプラスチックの層の上にスチール・ウールは重ねない。

⑿　残してあった電気メッキをしたメタル・シートにドリルかパンチで四隅から約½インチのところに小さな穴を四つあける。この穴には長細い木ねじが入る。

⒀　表面がザラザラの木かカーペットのはってある場所で作業をする。プラスチックとスチール・ウールを束ねたものを最後の一枚のコルテックスの上に置く。この時コルテックスのまん中にくるように注意する。約½インチずつ、コルテックスがはみ出している。次にプラスチックとスチール・ウールの束の上に、メタル・シートをまん中にくるようにのせる。この時はメタル・シートの周りに約5センチずつプラスチックがはみ出している。暫定的にマスキング・テープ（美術用の保護テープ）を使って、メタルをプラスチックの上に固定する。

⒁　アイスピックを使って、垂直に四つの穴をプラスチック、スチール・ウール、コルテックスを貫いてあける。この時金属板にあけた穴を利用する。ドリルを使うとスチール・ウールがドリルの先にからまって紡錘状にのび、ほどけてしまう。

⒂　四本の細長いボルト、ナット、そして大きなワッシャーで金属板からコルテックスまでの層をしっかりと固定する。ボルトはこの層からつき出したりしないように、適当な長さのものを選ぶ。このようにして組み立てたものは、簡単にコルテックスの箱の上のすき間にはまるはずである。ふたをきちんと締めた時、内面にはむき出しの金属板だけがみえる。

⒃　持ち手をつけるには、まず平らで巾の広い長い木片をコルテックスの箱の両側の外、ふたに近いところに接着剤でしっかりと貼りつける。完全に乾いたら持ち手を木にねじで止める。同じような要領でふたの外側にも持ち手をつける。コルテックスは軽くて柔かすぎるので、木ねじやくぎだけで止めることはできないからである。ふたと箱に蝶つがいをつけてもよいし、また底に荷車用の輪をつけてもよいが、これは絶対必要というものではない。

⒄　充電能力を強めるために、このアキュミュレーターを大きな人間用のアキュミュレーターの椅子の下に入れておく。前に述べた要領に従って、アキュミュレーターをきれいな汚染されていない環境におくことは大切である。

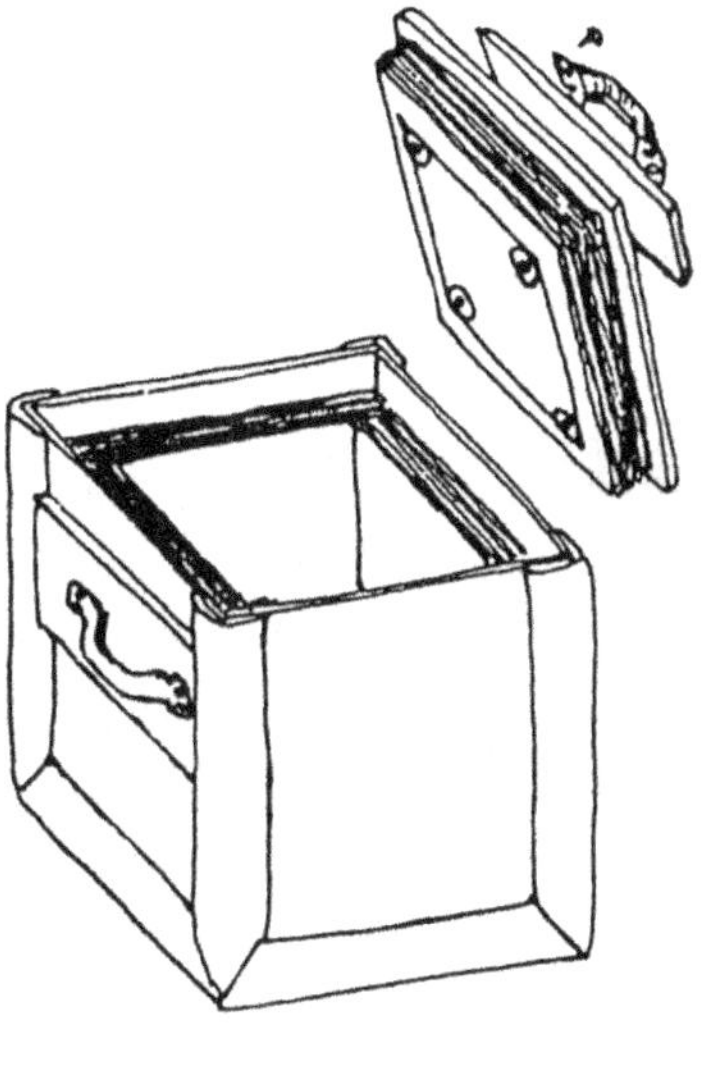

五層の種充電用のアキュミュレーターの製作
"コーヒー缶アキュミュレーター"

もういらなくなった缶詰の缶やコーヒーの缶に、スチール・ウールとウールの布を巻きつけて簡単な畑の種用の充電アキュミュレーターを作ることができる。

(1) 大きなコーヒーの缶か、スチールまたはブリキ製の缶（アルミニウムはダメ）の中味を出し、きれいに洗ってよく乾かす。切り取ったフタをとっておくことを忘れないように。忘れたときには、他の缶か、電気メッキをしたスチール板からフタを切り取って作らなければならない。自分が必要な種を全部入れることができる位の大きさの缶を使うこと。

(2) 良質のウール100%の素材を数ヤード入手する。軍用の古い毛布のリサイクルでもよいし、布屋で新しく求めてもよい。だいたい、缶を五回巻く長さがいるが、だんだん直径が長くなっていくことも考慮に入れなければならない。それと上下の円五枚ずつの分も用意する。

(3) 細かい目の（"00"又は"000"）スチール・ウールを買う。できれば、大きな巻き物になっているものを使う。そうすれば、かたまりをほぐし平らにする手間がはぶける。ウールと同じ量の長さのスチール・ウールが必要である。

(4) 缶の高さに合わせてウールを細長く切る。その長さは缶の円周の約六倍である。一枚のウールの布で足りない場合にはあらかじめつないでおく。

(5) ウールを平らに開げて、その上にスチール・ウールを薄く均等の厚さでのせる。空缶をこのスチール・ウールの細長いきれの上にのせ、巻きつけていく。五回以上巻きつけたら、そこで止めてまっすぐに切る。切れ端はほどけてこないように縫いつけるかまたはテープで止める。

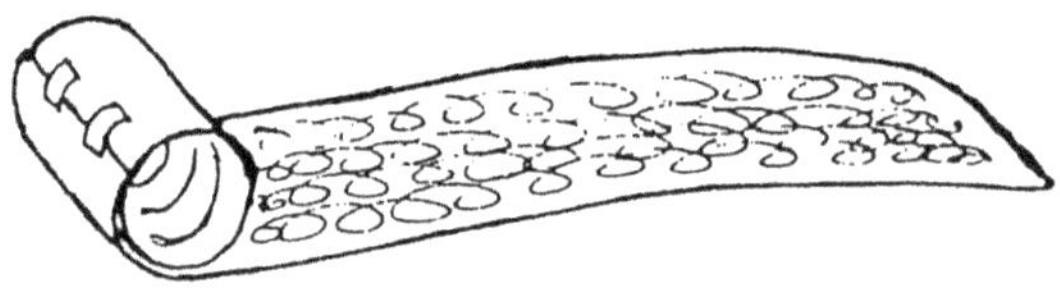

(6) 缶の周りに巻いたウールとスチール・ウールの層の厚みも加えて缶の直径を測る。この直径の円を十枚、五枚は底用、五枚はフタ用に切り取る。

(7) 各五枚のウールの円の間にスチール・ウールを交互にはさみ込んでいき、サンドイッチ状のものを二組作る。一つは底用に、もう一つはフタ用に用いる。

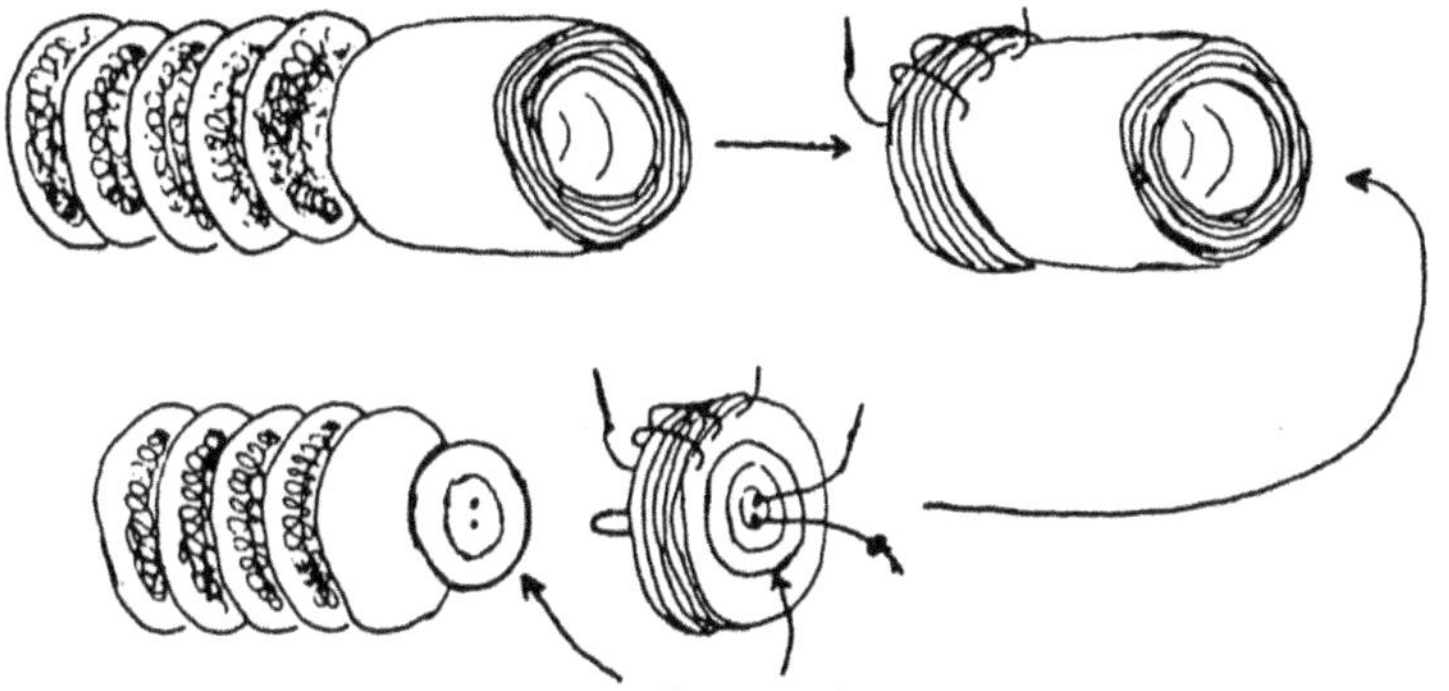

(8) 缶から切り取られたフタの周りのギザギザをなめらかにする。互いに約¼インチ離して、まん中のあたりに二つの小さなくぎの穴をあける。太い布張り用の針か毛糸針を使って、太い糸で缶のフタの穴から束にした層を下まで止じつけ、また下からフタの穴まで針を通して縫いつける。ウールとスチール・ウールの束は缶のフタから約一インチはみ出している。

(9) 太い糸を使って缶のフタの周りのウールとスチール・ウールの束をかがる。あまりきつくかがる必要はない。同様に底の方の束の周りもかがって、缶の底の方に縫いつける。糸でかがる代わりにマスキング・テープを使ってもよいが、見ばえが悪い上に長持ちしない。

(10) 厚手の枕カバー（袋状の）、洗濯物入れ袋、大き目の非金属の円筒形の入れ物をさがして、出来上がったオルゴン充電器を入れる。針仕事が上手な場合は、ウールかフェルトでオルゴン充電器がすっぽりと入る袋を作る。この目的は、層がボロボロほどけてきたり、金属がさびたりしないように、さらに外側にむき出しになっているウールの外層や層の間のスチール・ウールが、何かにひっかかったり、水にぬれたりしないように保護することである。

(11) 種は、小さな紙袋に入れたまま、またガラス、プラスチック、あるいは金属（アルミニウムと銅以外）の容れ物に入れたままで充電することができる。

(12) 種を植える前に数日、数週間あるいは数ケ月、乾いた種をアキュミュレーターに入れて充電しておく。種をアキュミュレーターに入れるものと入れないものに分ける。そして別々の二つのグループとして植え、発芽、芽生え、開花、結実を観察する。その差がはっきりと、そして簡単に分かるような写真が撮れれば、それもつけて是非結果を私共の方に知らせて頂きたい。この本の前の方で書いた環境の影響に関する要点に注意を払ってほしい。発芽の詳しい実験に関しては前項を参照してほしい。

(13) 種の充電効果を高めるために、缶の中の種の周りのすき間にゆるくスチール・ウールを詰める。この時あまりぎゅうぎゅうと詰め込まないようにする。もっと効果を高めるためには、この缶をより大きなアキュミュレーターの中に入れておく。この本の実験の項目及びアキュミュレーターの製作と使用に関する一般原理の項を参照。この種の

アキュミュレーターを作る代わりに、種を大き目のクッキーの缶に入れて、それを大きなオルゴン・ブランケットで何層にもくるむか、あるいは大きなアキュミュレーターの中にしまっておくこともできる。層が厚ければ厚いほど、またアキュミュレーターを作る時、大量の材料を使っていればいる程、充電効率が高いことを念頭におくとよい。たとえば筆者の実験室では、五層のコーヒー缶アキュミュレーターを十層の一立方フィートのアキュミュレーターの中に入れ、それを更に三層の大きなアキュミュレーターの中に保存している。つまり計十八層のアキュミュレーターになるわけで、明白な充電効率が得られる。

（注）ポルトガルで有機農業をしている Ms. Jutta Espanca さんは、オルゴン・アキュミュレーターを使って広範に植物の成長を高める研究を行っており、植える前に一日か二日アキュミュレーターの中に乾いた種を入れておくだけで、大きな効果が得られることを発見している。しかし、これは快晴でお日様がサンサンと照りつけ、雲のない状態で、アキュミュレーター自体の充電効率が高い時にかぎる。また彼女は、何週間も何ケ月もというようにあまり長く種をアキュミュレーターの中に入れておくと、時として結果がよくないことも発見しているが、これはオーバー・チャージ（過充電）が原因とも考えられる。他の場所よりもオルゴン・エネルギーそのものが活性化して輝いている場所がある可能性もあり、それはアキュミュレーターの効率を左右する要因になる。

二層の実験用オルゴン・ブランケットの製作

このオルゴン・ブランケットの製作は、あらゆる充電装置の中で最も製作が易しいものである。どんなサイズのものも作れるし、持ち運びも簡単で、色々な目的に使用できる。次に出来上がり寸法が六十センチ四方のブランケットの作り方を書いておく。

(1) 六十センチ四方の大きさのものが三枚とれる100％ウールの布と、スチール・ウールを用意する。

(2) 一枚のウールを平らな場所に広げる。

(3) 台所用のスチール・ウールをほどくか、スチール・ウールの巻物を使って、この布の上に置く。

(4) その上にもう一枚のウールを重ねる。

(5) この上にもう一度スチール・ウールをのせる。

(6) 最後に残っているもう一枚のウールをこの上に重ねる。三枚のウールの各々の間にスチール・ウールがはさみ込まれたものができ上がる。

(7) ウールの周りを揃えて切り、針で縫う。中味が動いたりずれたりしないように、バツ印にブランケット全体を縫いつける。洋裁が上手な場合は六十センチ四方のウールの袋を縫って、その中に丁寧にもう一層分、スチール・ウールとウールを入れる。最後に入れ口を閉じるとブランケットは見た目もよくなる。

(8) 普通のアキュミュレーターと同じく、ブランケットも換気のよい、テレビ、電子レンジ、蛍光灯、その他電磁気や放射能を扱う器機から離れた環境におくことが望ましい。充電効果を高めるためには、大き

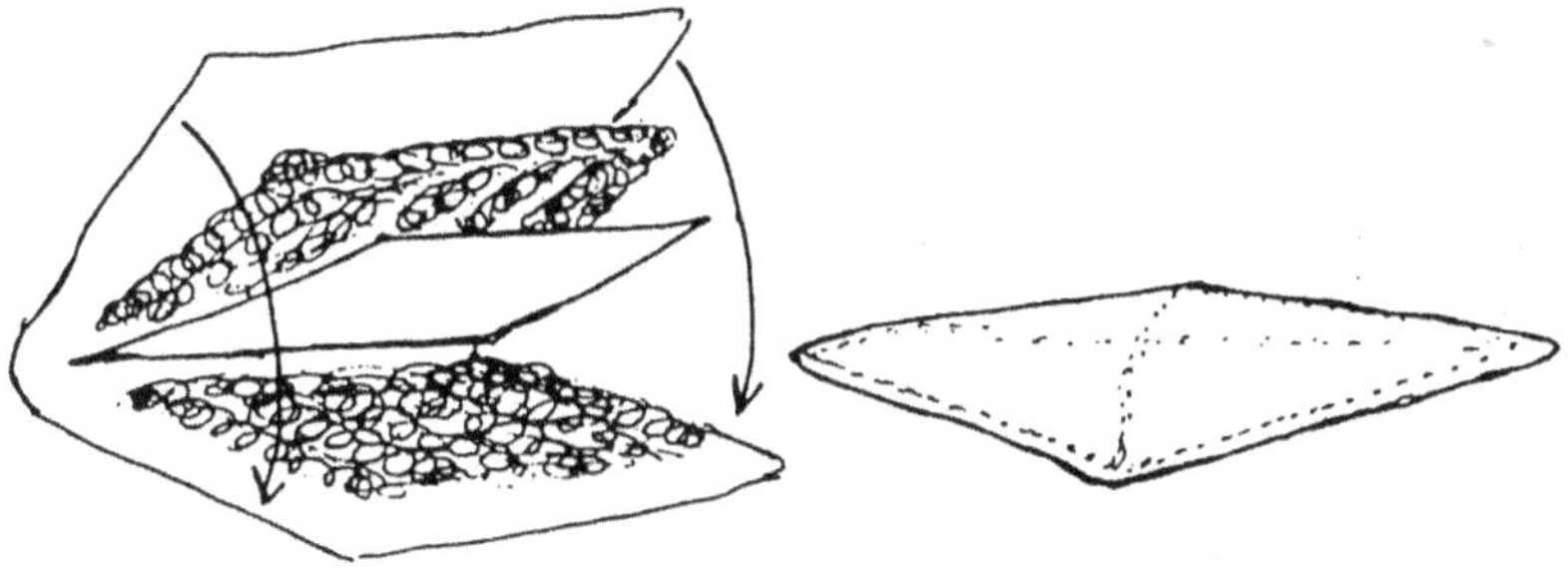

なアキュミュレーターの内に入れておくのがよい。

(9) このブランケットを使って、「簡単な実験」項目にのっている、エネルギーの場の写真を撮ったり、種の充電をしたりする。

実験用ろう斗状オルゴン・シューター(照射器)の製作

ろう斗状のシューターは他のオルゴン・アキュミュレーターの装置と似ているが、オルゴン・ブランケットと同様に外から物体に照射するために一方の口が開いている。

(1) 金物屋か農機具を扱っている店で、大きい方の直径が約十五センチの電気メッキがしてあるスチールのじょうごを買う。

(2) じょうごの外側を交互にウールとスチール・ウールで、あるいはプラスチックとスチール・ウールでつつむ。使用目的に合わせて五層から十層位にする。一番外側にウールかプラスチックで最後の層をはりつける。この時じょうごの円錐形にぴったり合うように、ウールかプラスチックを何度かためしながら切ってみること。まず、じょうごに巻きつけてから切るのが一番よい。

(3) 針と糸、のり、あるいはプラスチック包装用テープを使って、各層をじょうごに固定する。じょうごと上にのせた層全体をプラスチックの包装用テープで包んでもよいが、この時、プラスチックがじょうごの内側表面にあまり入り込まないようにする。じょうごの内側は金属がむき出しのままでなければならない。

(4) じょうごの狭い方の口に、プラスチックで覆われている金属のグリーン・フィールド・ケイブル(アルミニウムではなく、メッキされたスチール)を取り付けてもよい。これはじょうごの口にぴったり合わせて、しっかりとテープで止める。グリーン・フィールド管のもう一方の端は、アキュミュレーターの内側に入り込む。この目的のために、様々な層のアキュミュレーターに、グリーン・フィールド管が入る穴をあけておく。しかし、じょうごは必ずしもアキュミュレーターに連結しなくてもその働きは十分である。

(5) 普通のアキュミュレーターと同じような条件下で、じょうごをしまっておく。シューターの放射効果を高めるためには、使っていない時に大きなアキュミュレーターの中にしまっておくとよい。

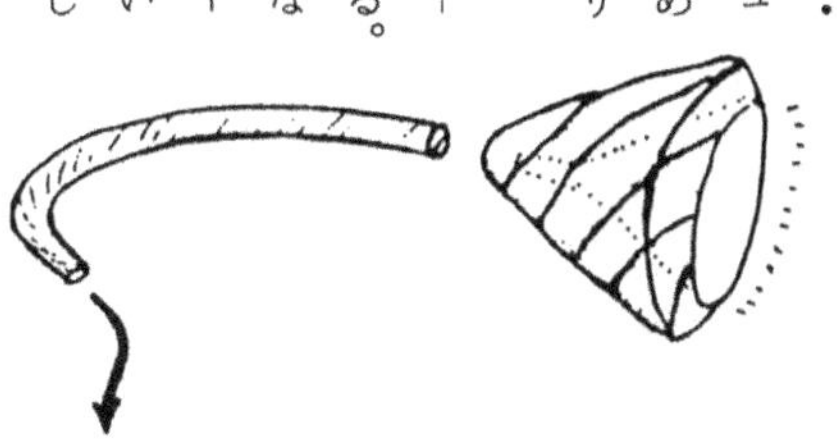

実験用オルゴン・シューター棒の作り方

シューター棒を使って、非常に簡単にオルゴン照射を主観的に感じとることができる。完成したシューター棒を、アキュミュレーター（小型）の中で数週間充電する。シューター棒をアキュミュレーターから取り出しリラックスした気分で手で握るか、あるいはみぞおち、上唇に軽く当てる。ほとんどの人が柔かいオルゴンから放射されるグロー（低圧気中放電により発生する光の一種）をはっきりと見えると思う。

(1) 直径2センチから2.5センチ、長さが15センチから23センチのパイレックス製試験管を求める。試験所や医療器機販売店で扱っている。

(2) 目の細かいスチール・ウールを試験管に詰める。この時上部に1.2センチほどすき間を残して、十分な堅さになるまで押え込むこと。

(3) 試験管の口をゴム栓でとじる。ゴム栓の端をプラスチックの包装用テープかマスキングテープで包む。

(4) 実験をする数週間前から、シューター棒を小型アキュミュレーターの中に入れておく。使っていない時は必ずオルゴン・アキュミュレーターの内部、又はたたんだオルゴン・ブランケットの中に入れて保存すること。

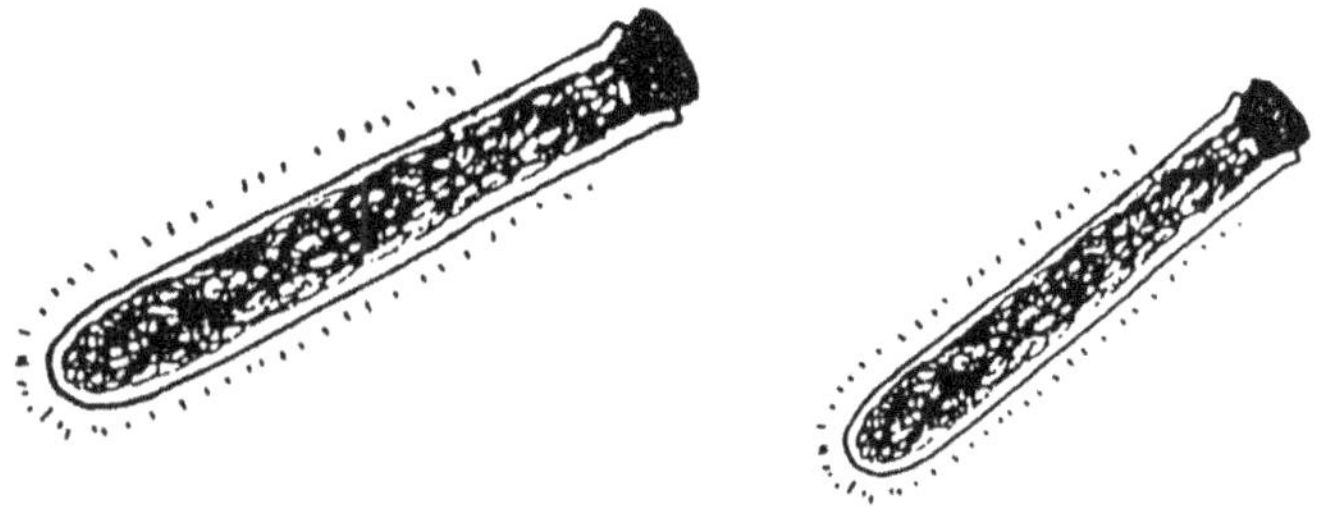

大型・小型のオルゴン・シューター棒

付録

オルゴン・エネルギーによる治療報告

ドロシア・オプフェルマン・フッケルト

一〇の症例報告

オルゴン・エネルギーは一九三六年から四〇年にかけて、ウィルヘルム・ライヒが発見したものである。これは本源的宇宙エネルギーで、質量がなく、原子以前の存在である。宇宙全体に存在していて、視覚や温度、検電器、ガイガーカウンターで存在を確かめることができる。生命体の中を流れるオルゴン・エネルギーは生命エネルギーと呼ばれる。医学オルゴン療法というのは、オルゴン・アキュミュレーターで集積したオルゴン・エネルギーを使って、生命体が自然に備え持っている、病気に対する抵抗力を高める療法のことである。

アキュミュレーターの発見と開発について概説する。いわゆるサパ・バイオンとよばれる培養の中で最初に発見されたエネルギーの研究をさらに進めるために、ライヒはファラディー・ケージを作製した。この金属の囲いの中では同一のエネルギー現象がさらに明瞭にあらわれた。ライヒは、金属物質はオルゴン・エネルギーを反射するに違いないという結論に達する。金属の囲いの中に集積されるエネルギーの密度を増大し、さらに研究を進めるために、ライヒは金属の箱の周りを有機質で、まず最初は綿で覆った。というのは、有機物質がオルゴン・エネルギーを吸収することが判明したからである。この装置をライヒは、オルゴン・アキュミュレーターと名づけ、金属質と有機質の層を増やせば集積されるエネルギーが強まることを発見した。さらに彼は、この装置が生命体自身のエネルギーに有効な効果をもたらすことをも発見する。ライヒはこの効果が生命体とオルゴン・アキュミュレーターの相方のエネルギーの場が融合することによると推論した。彼は癌性マウスや、後には人間の癌および他の病気の治療にアキュミュレーターを用い、少なくとも生命体のエネルギーの高まりや、迷走神経への影響によって病気が好転することを観察した。詳細や彼の研究についてはライヒの著作を参照。『癌』(1)、『オレゴン・アキュミュレーターの物理、医学的用途』(2)、『癌バイオパシーのオルゴノミー的診断』(3)、ラファエル、マクドナルド編さん。

一九七八年、私たちは西ドイツで初めて、一般の病院でオルゴン・アキュミュレーターを導入した。オルゴン療法が今まで知られていなかったことから極めて困難な外的情況や多くの問題が発生したために、いまだ体系的な診療研究は行われておらず、オルゴン療法による治療および研究は、かぎられた少数の患者で行っているにすぎない。患者は入院中だけでなく、退院後も追跡調査されたし、外来だけの患者もいた。

アキュミュレーター、その他の装置による治療は(2)でウィルヘルム・ライヒの定めた原理に従って行った。この中にはオルゴン療法の適用、禁忌や、一般医学及び特定オルゴノミー的診断が含まれている。オルゴン・エネルギーが生命体におよぼす影響をコントロールする上で、ライヒ血液検査は特別の役目を果たした。この血液検査は高度な

正確さを示した。検査は定期的に各々の患者について行い、結果は顕微鏡写真とアンケートで記録した。アンケートは(3)のラファエルとマクドナルドからとった六十項目も含めて、私たち自身で考案した。驚いたことに、アキュミュレーターを一般の診療に用いる上での一番の問題点は、一九五一年ライヒ自身が発見し、詳説している(4)いわゆるオラヌール効果であることが判明した。オラヌールというのはOrgone—Anti—Nuclear—Radiation（放射能に対するオルゴン）の略で、もとは、凝縮されたオルゴン・エネルギーに対して放射能が持つ効果を研究するプロジェクトであった。結果は凝縮オルゴン・エネルギーが過度に刺激され、ガイガー・カウンターやその他の機械でも放射能が検出されたのである。反応はそれだけにとどまらず、研究に参加した研究者、協力者、さらには研究所の近くに住んでいたすべての人間や動物の中に、心身両面での悪い症状が現われてきた。私たちの手もとには、オルゴン・ブランケットと数メートル離れた所にあったレントゲンとの間のオラヌール効果についての報告がある。

　私たちは病院の中でオラヌール効果が発生することは予期していなかった。というのは、アキュミュレーターはレントゲン室から、三階と数部屋分離れたところにあったからである。しかし反応は、アキュミュレーター使用の翌年から徐々に進行していった。アキュミュレーターの置いてある部屋の空気が重たくなってきた。医者やそこで働いていた人の何人かは、金属に触れた時今まで全く感じなかった電流を感じるようになった。患者にはだれも悪い症状を呈した者はいなかったが、よくアキュミュレーターの置いてある部屋に出入りしていた同僚たちは、そこにいるのが耐え難いと感じ始めた。頭痛、倦怠感、のどのかわき、重く何かにのしかかられる気持ち、呼吸困難などがおきた。そのうち一人は、この部屋で夜勤睡眠中に、失神してしまった。原因がアキュミュレーターであることを知らないまま、彼女は部屋を変らなければならなかった。ついに、部屋の付近、中、特にアキュミュレーターの中がおびただしく放射能に汚染されていることが、検電器の測定から判明した。放電時間は、普通の空気中に比べて五〜八倍にもなっていた。ライヒ血液検査で調べた私の血液も(4)でライヒが示した高度の放射能汚染を示していた。私自身、熱がありだるく、その他原因の分からぬ症状に苦しんでいた。アキュミュレーターは分解し、病院の外に出す必要があった。もう一台のアキュミュレーターが造られて、病院とは別の建物の中に設置された。それ以来、オラヌール効果は現われていない。アキュミュレーターと異なり部分的にだけ用いるオルゴン・トンネル、ブランケットなどの場合には病院の中に置いてあっても今までのところは少なくとも私たちの知るかぎりでは、オルヌール効果が発生していない。これらは未発表の研究レポート(5)の中で報告されている。

　症例について述べる前に、技術的なことについて二、三説明する。患者の中にはアキュミュレーター、ブランケット、トンネルなどのオルゴン装置を家で使用し、チェックのため来院を要請された人たちがいる。これはすべての患者にとって可能なわけではなく、外的条件や患者、家族の性格構造からいって無理という場合もあった。ライヒ血液検査およびその記録は、まずオリンパス顕微鏡を使って倍率を三七五〇倍にし、電光管で顕微鏡に設置したペンタックスMXカメラで写真を撮った。ビデオもサバ・ビデオカメラとレコーダーで記録され、

ソニーのモニターで観察した。写真は全部同じ倍率で、同じタイプのフィルム（K64）を使用したが、色にバラつきがみられた。人為的結果によるものもあるがオルゴン・エネルギーの質が事実、向上したことによるものもある。エネルギーの質の変化によるとみられるものについては注をつけたが、写真、または原版で、この両者の関連性を明確にすることは難しい。もっと照明、コントラスト、明瞭さの点で技術的に改良する必要がある。癌、その他の病気での重要な現象、いわゆるT細胞を写真で示すことも技術的に難しい。生きている癌細胞の中で極度にT細胞が密集している場合は写真に撮ることが可能である。しかしそれほど密集していない時には、非常に小さいものであり（〇・二五ミクロン）、速く動くので、すぐに焦点がボケてしまう。しかし、ビデオでは撮ることができる。

症例一　外傷後の脛骨骨髄炎

一〇歳の少年が、片足の蜂窩織炎、高熱、全身の状態の悪化で手術のため入院した。すり傷とひっかき傷があった。骨の損傷はレントゲン写真では認められなかった。抗生物質の多投与と並行して、排膿処置、傷の洗浄、アルコール湿布、ベッド上安静といった治療の結果、八週後に蜂窩織炎は治癒された。その間、入院二週後から、脛骨骨髄炎の初期症状がレントゲンで発見された。抗生物質は多種類投与されていたが、全く改善の兆が認められなかったために、四週間後に中止された。同時に排膿処置も中止された。その一方で骨髄炎が発生してきたため、手術が予定されることになる。この時点でオルゴン・トンネルによる治療が一日三回、各一時間開始され、トンネルは足の上、二、三センチのところに置かれた。少年は治療中、温かく、気持ちのよい感覚を味わっている。オルゴン療法を開始して四週後、骨髄炎の進展は萎縮傾向をみせ始め、五週後には病巣の増殖の輪郭はすでにはっきりとしなくなった。手術は取り止めになり、オルゴン療法を始めて八週すると、骨髄炎の症候はさらに鎮静化した。十週目も同様で、十一週目に撮影したレントゲン写真は正常であった。治療は五ヵ月を要し、後半の三ヵ月はオルゴン療法を行った。経過観察は二年におよんでいる。血沈値の変化は、オルゴン療法開始時から正常にいたるまでの継続した好転をはっきりと示している。

赤血球沈降値

8月8日	76/ 82	病院に入院
23日	62/108	骨髄炎の症状が認められた
31日	56/103	
9月6日	56/ 94	
13日	55/ 96	
20日	60/ 95	
25日	60/ 95	
10月1日		通常の治療を中止し、手術が予定された
3日	56/ 91	
5日		オルゴン療法開始
18日	42/ 75	
25日	39/ 66	
11月2日	34/ 66	
8日	25/ 51	手術取り止め
23日	14/ 40	
12月7日	17/ 38	
14日	12/ 37	
1月4日	10/ 24	
11日	8/ 26	
19日	6/ 20	
26日	7/ 25	

子供の正常血沈値は約 5/12

症例二　結節性動脈周囲炎

この病気は細動脈中層の炎症を呈する。体中のあらゆる部位に発展していき、内臓がおかされる結果、ほとんどの場合、数ヵ月から数年で死亡する。

五〇歳の女性がこの病気にかかっていることが、症状、臨床所見、

組織生検から診断された。骨格筋と腎臓の血管がおかされており、心臓にも及んでいることが想定された。オルゴン・アキュミュレーターで毎日一、二回、三十分間照射が行われた。同時に患者は毎日コルチゾンの投与も受けた。アキュミュレーターの治療だけでこの病気の進展を十分におさえることができるという確信が持てなかったからである。コルチゾンを大量に投与した場合でさえも、数ヵ月から数年で死が訪れている。非常にまれに、いわゆる〝自然軽快〟がみられることもある。この女性の場合、自然軽快は治療中には、全くみられなかった。発熱、高い血沈値、白血球増多症、痛みといった炎症の進行を示す症状がつねに現われていた。体温はたいてい、夕方から夜にかけて、最低38度、最高40度まで上がった。24時間の体温の変化が同一の装置と条件下で数ヵ月間測定され、記録された。その結果、次のことが判明した。正常よりも体温が高い時には、オルゴン療法中には0.1～1.1度低下した。オルゴン療法前の体温が高ければ高いほど、低下も大きいということが分かった。つまり39.4度の時は38.3度になり、37.5度の時には、37度になったのである。オルゴン療法中に体温が上昇する時もあった。36度の体温が36.5度に上昇したのである。健康人にかぎらず、ほとんどの患者で、オルゴンの照射中に大きな腹鳴が聞こえるが、これは副交感神経の刺激を示している。この患者の場合、オルゴン・アキュミュレーターに坐るたびに気持ちよくなり、温かい感じを味わっていたが、病気の方は、四年間の治療と観察期間中、よくも悪くもならなかった。普通、一般にみられる炎症経過の悪化が認められなかったことは大いに驚きに値する。患者は重い症状がとれ、普通の生活を営むことができている。唯一つの問題はコルチゾンの大量投与による副作用によるものである。オルゴン・アキュミュレーターの使用により体温の変化が起こることはライヒが発見し、記録している。ミューセニッヒとゲバウアーは「ライヒのオルゴン・アキュミュレーターによる心理生理学的効果」と題する多くの二重盲検法による研究で、表皮と中核部における体温の著しい変化を、統計的に有意に確認している(7)。

症例三　胃・胆のう・腸の機能障害を伴った慢性偏頭痛

五十五歳の女性が三十年にわたって、頭痛と胃、胆のう、腸の緊張過敏症に悩まされつづけていた。彼女はあらゆる治療法をためしており、何十年来、鎮痛薬やその他の薬を飲みつづけなければならない状態にあった。内視鏡検査とレントゲンが撮られ、正酸性の胃・十二指腸炎、胆のうの機能障害、頻発性胆のう炎、胃・腸下垂症が臨床的に発見された。頭痛は偏頭痛と診断され、血圧はつねに異常に低い値を示していた。患者は毎日オルゴン・アキュミュレーターを三十分使用し、大きな腹鳴がいつも聞かれた。初めはオルゴン・アキュミュレーターの中に坐っている間だけ彼女の訴えは改良されたが、後には、アキュミュレーターの使用後、数時間その効果は持続した。四週間定期的にアキュミュレーターを使用したところ、問題の発生頻度がずっと少なくなり、症状も軽いものになってきた。胃、胆のう、腸の症状及び慢性の便秘がすべてなくなった。今までは問題を引きおこしていた様々な食べ物（脂肪の多い肉、コーヒー、牛乳、ある種の果物と野菜）を食べることができるようになった。消化と排泄が正常になっていたのである。頭痛の方も、以前の週二回、多い時は毎日という状態から、月に一、二回に変わっていた。アキュミュレーターの治療四週

後から、鎮痛薬の使用が中止された。血圧も正常になり、その状態が継続していた。六年間の観察期間後、彼女の症状の90％は治癒していた。初めて症状の改善がみられてからは、彼女はアキュミュレーターの使用を時々だけにしていた。慢性の副鼻腔炎の再発だけはよくならず、年に二回から四回、発作が起きているが、薬草治療でこれに対処している。この患者がオルゴン療法に非常に良い反応を示したことから、彼女の症例は、数ヵ所の臓器における交感神経緊張症による機能障害であると結論することができる。オルゴン・アキュミュレーターが生命体の迷走神経に効果があることを明瞭に示した症例である。

症例四　前腕の二度の火傷

三十二歳の患者が、沸騰水の入ったコーヒーフィルターをかぶって、前腕の半分全体に火傷をおった。応急処置として腕を冷水の中につけている。強い痛みにもかかわらず、彼は鎮痛剤を飲まなかった。アキュミュレーターとシューターを使った集中的なオルゴン療法が毎回五分、一日に十回行われた。シューター療法中、痛みはひどくなったが（「まるで稲妻が私の腕の中を通り抜けるようだった」と患者は言っている）、八時間後には痛みがおさまり、患者は痛みから解放された。大きな疱疹があったことから数人の医者が、大きな傷跡が残るだろうと言っていた。しかし一週間後には、全く傷を残さずに火傷は癒えていた。その上、患者は包帯をしていなかったにもかかわらず、一般にみられるような感染もおこらなかった。同様の経験から、オルゴン・エネルギーには様々な傷、特に火傷を治す効力があることが確かめられている。傷の治癒効果に関しては多くの研究者が記述している。ライヒ（9）、ホッペ（10）、ブレマー（11）、シルベルト（12）、ヴェルビック（13）、リター（14）、ベイカー（26）。

症例五　乳房線維性のう腫

オルゴン療法を始める二年前、三十二歳の女性が乳房造影法で、片方の胸に前癌状態の疑いのある、線維性のう腫があることが発見された。手術が勧められたが彼女は拒んだ。手術の代りに、ドイツで癌の治療によく用いられていたヤドリギ注射を受けることにした。この療法での改善が望めなかったので、彼女はオルゴン療法をためす決心をする。彼女が言うには、ある男性との関係が破綻した後に、この結節性の腫瘍がより大きくなったということである。最初のオルゴン検査では、ライヒ血液テストの結果は思わしくなかった。右の胸は明らかに左側よりも大きく、結節性のしこりが触診された。また右の腋の下と鼠径部のリンパ節が大きくなっており、痛みもあった。患者の全身状態も悪く、体重も減っていた。皮膚や肉眼でみることができる粘膜も青白い灰色をしていたが、貧血は測定されていない。一日六〇分までのオルゴン療法を二ヵ月続けた後に再度、オルゴン検査を行った。右胸の痛みが増してきていると患者自身は感じていたが、客観的には明らかに良くなっていた。右胸は左と同じ大きさになっていたし、腹部の下外側$\frac{1}{4}$のところで局限性のしこりが一つ触診できたほかは、腋の下のリンパ節は正常になっていた。鼠径部に結節が一つあるのが触診されたが、以前に比べ小さく、柔かくなっていたし、痛みもなかった。ライヒ血液テストでも明らかな好転が示されていた。オルゴン療法一ヵ月後の乳房造影では、悪性ではない軽度の浮腫性線維性のう腫

症例６　脚の静脈瘤性潰瘍

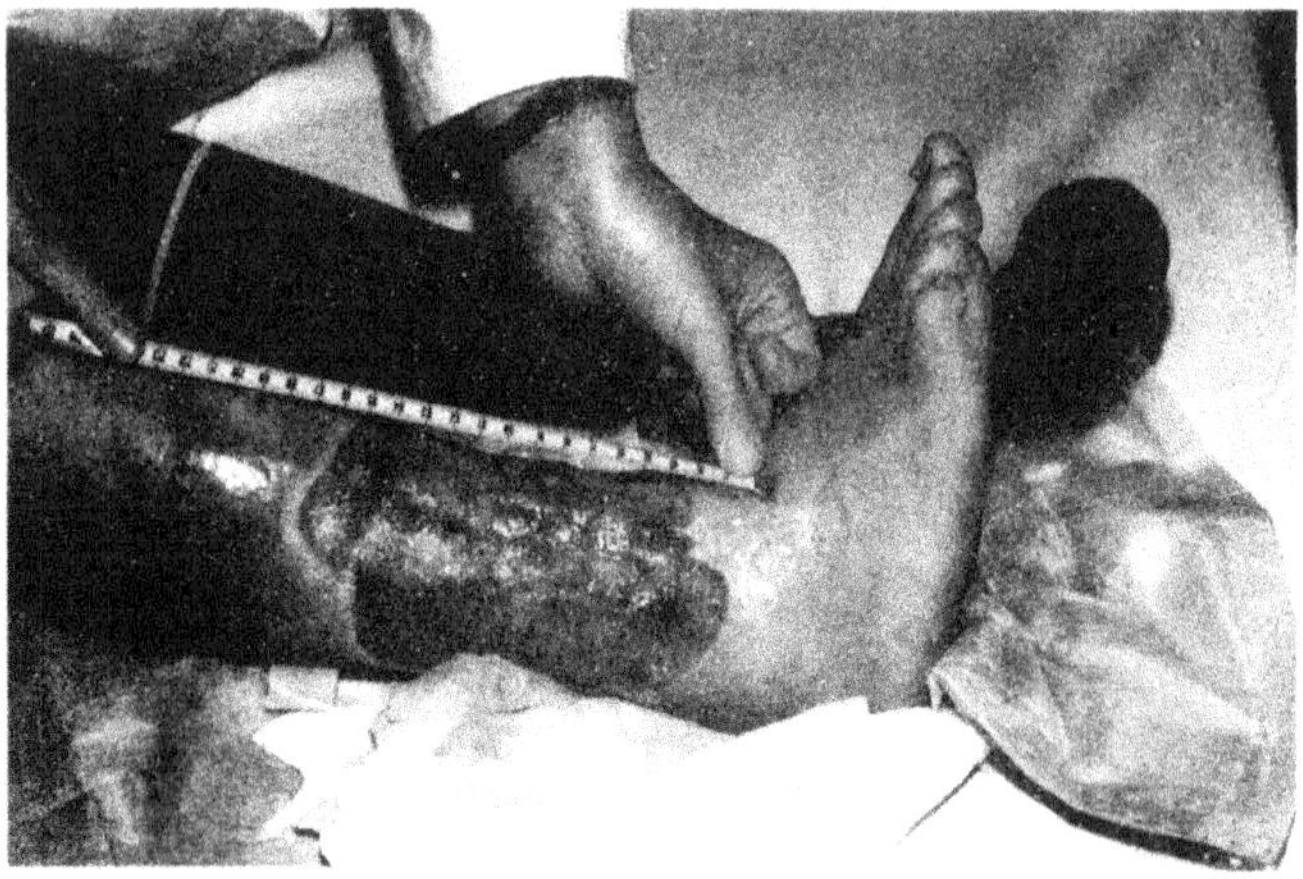

ブランケットによる治療開始前の最初の写真では、脚の静脈瘤性潰瘍が大きくなり、周りに壊疽がおきているのが分かる。

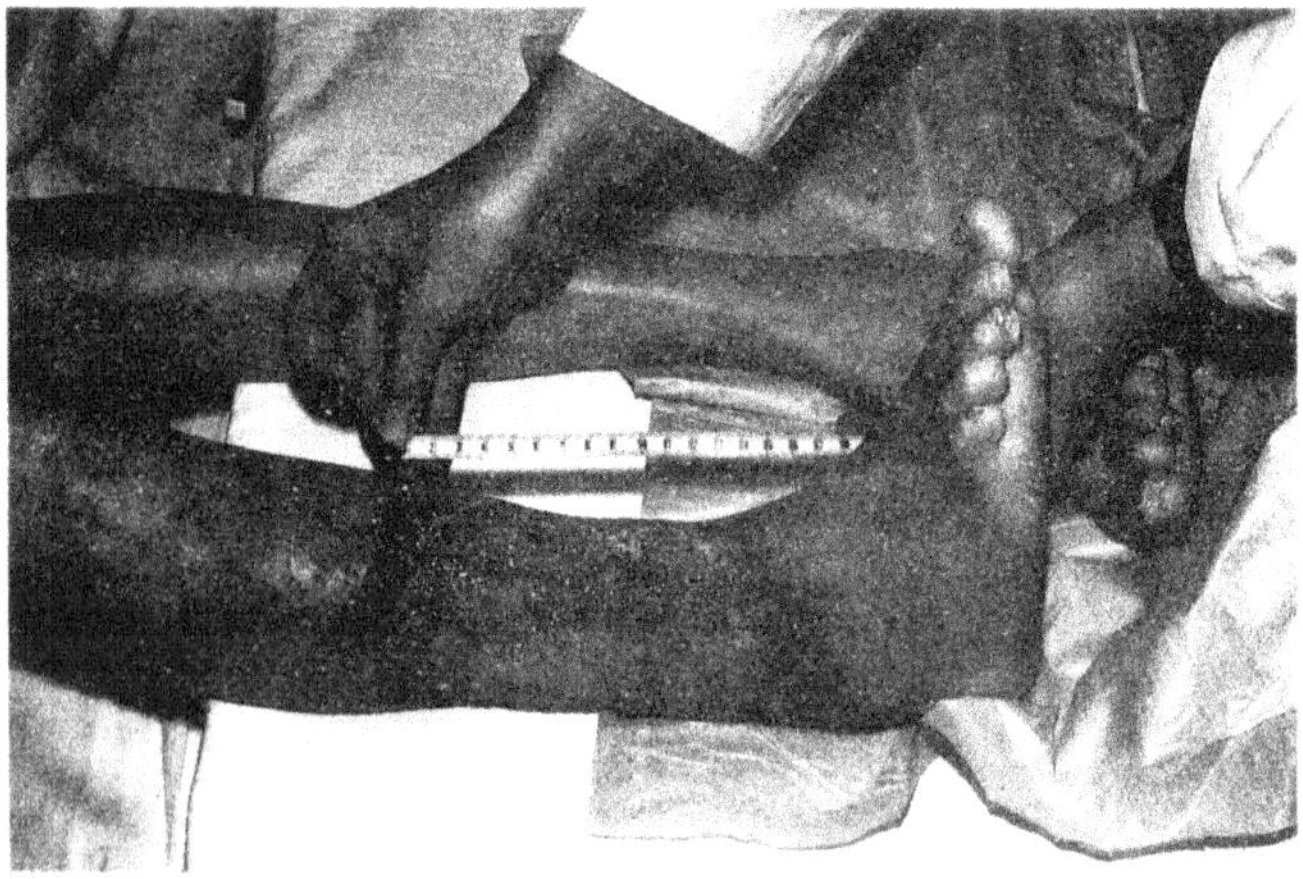

ブランケットによる治療６週後、潰瘍は長さが１㎝小さくなっただけであるが、以前は壊疽がおきていた周辺部に健常な組織が発生し、血管も血流がよくなっている。

症例8　胃癌

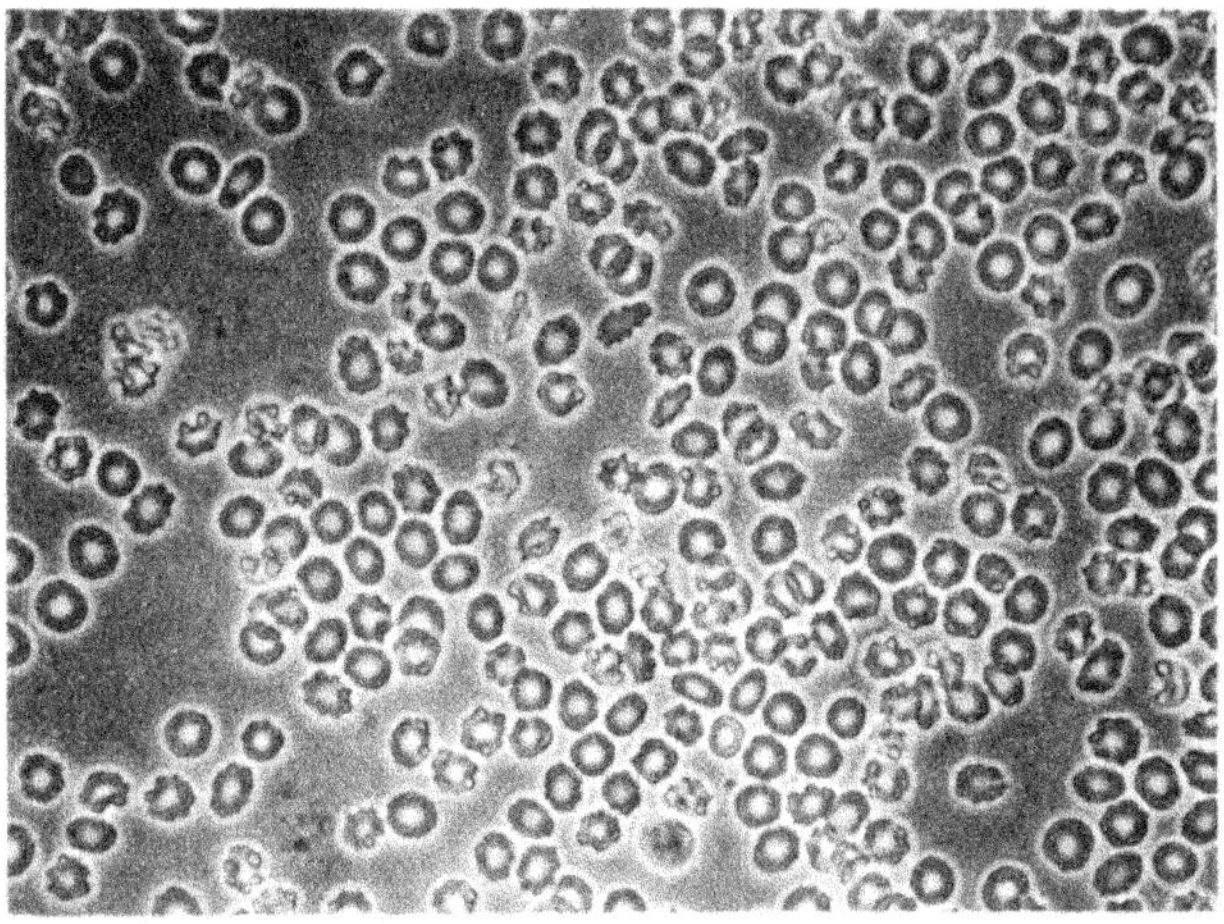

最初の写真は治療開始前のもの。明らかに不同細胞、変形赤血球増多症、棍棒状細胞、肥大した中核部、周りの線がぼやけている狭い周辺部とオルゴン・エネルギーの狭い場がみられる。急速にバイオンやＴスパイクへの分解が進んでおり、20分後の分解率は50％。暗い部分にＴ細胞のかたまりがみられる。貧血は測定されていない。

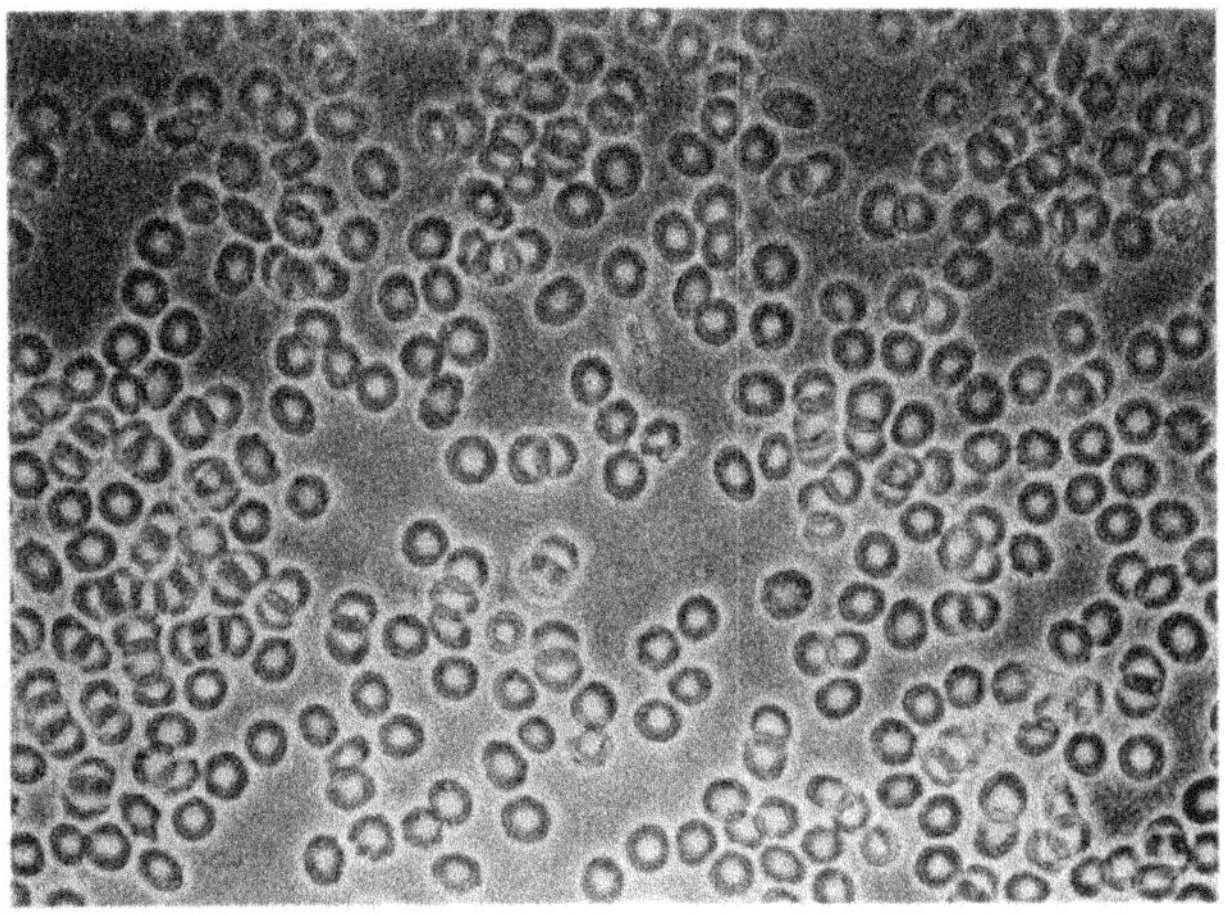

治療開始40週後のライヒ血液検査。20分後の分解率は、今や20％に下がっている。これが、この患者の治療中の血液検査で最も良好な結果。

と診断された。この所見は、以前よりは回数が少なくなっているが、オルゴン療法を続けている今も同じである。その間彼女は妊娠し、大きな問題もなく第一子を産んでいる。観察の全期間は三年におよんでいる。乳癌のオルゴン治療はトロップ(15)も報告している。

症例六　脚の静脈瘤性潰瘍

片脚の慢性静脈瘤性潰瘍をわずらっている八十歳の女性が入院してきた。写真でも分かるように潰瘍は非常に大きく、周辺で広範な壊疽がみられた。治療は毎日、二回、一回に一時間、オルゴン・ブランケットに入っただけである。約四週後には、潰瘍はほんのわずか小さくなっただけであったが（長さで一センチ）、以前の壊疽性の周辺部は健常な組織に生まれ変わっていた。患者はこの時点で家に帰ると言いはり、帰ってしまったので、その後は経過観察も治療もできなかった。静脈瘤性潰瘍のオルゴン療法はライヒ（16）、ホッペ（17）、リター（14）が報告している。

症例七　頭部の悪性メラノーマ（黒色細胞腫）

二十四歳で癌と診断された時には、腫瘍はすでに数センチの大きさで、厚さも一センチになっていた。組織学上は、腫瘍は外科手術で完全に取り除かれていた。それはレベルVの早期結節性メラノーマであった。そこからは最悪の予後が推定され、その時点ですでに転移している可能性もかなり高かった。患者も家族も共に転移しているかどうかの精密検査や通常の癌治療を行うことを拒否した。二年半後には確実に死ぬと推定された。患者は家で一日二、三回、三十分間アキュミュレーターを使用していた。治療八週後の血液検査では彼女の全身状態同様、劇的な改善がみられた。その後三年半のオルゴン療法中、それ以前の長年の状態に比べずっと気分がよく、まるで〝花が開いたよう〟であった。アキュミュレーター使用中は決まって大きな腹鳴があった。しかし四年目になって、全身状態の悪化が進行し始め、転移も進み、痛みも感じ始めた。痛み、食欲減退、衰弱などは、亡くなる数ヵ月前でさえも、アキュミュレーターの治療で和らげられた。ほとんど鎮痛剤も必要とせず、亡くなる日まで普通の食事をし、家で逝くことができたのであった。この女性の問題の本質は、彼女が幼児期から精神病をわずらっていたために、満足な性生活を営めなかったことにある。全観察期間は四年間。オルゴン・アキュミュレーターによるメラノーマの女性の治療については、四十年前にホッペが報告している（ジャーナル八号参照）。この女性は診断が組織学上確認されていたが、一九八五年の今もまだ存命している。

症例八　胃癌

六十一歳の腺癌の患者で、胃の部分的切除（ビルロートI法）がなされた。腫瘍を完全に取り除くことは不可能であった。リンパ節にすでに転移していた。一日三回、三十分のオルゴン療法を始めて六週後に、患者の全身状態は以前に比べて明らかに良くなっていた。食欲も出、気分も良くなった。以前彼は旅行をしようと思いもしなかったのに、今や頻回に旅行に出かけた。自然の中を散策するのを好むようになり、強迫的で嫌悪に満ちた結婚生活に見切りをつけようとさえしたが、これは成功しなかった。これに対応し、ライヒ血液検査の結果も

好転する。彼が長年悩まされ続けた脚の痛みも消えた。この痛みが再びもどってきたのは一年半後で、この時点でオルゴン療法と一緒に、ホメオパセティック療法も始めた。これは成功をおさめ、彼の全般的な良い状態は、治療開始後、三年間続く。ここで癌再発が始まったのであるが、これは多分に、満たされない結婚生活をそのまま続けたことと、アキュミュレーターの使用が不定期になったことと関係があると思われる。胃癌の再発で、再手術が行われた。しかしすでに腹膜一杯に小さな癌の転移が認められたため、医者は胃癌の切除を止めた。重篤な進行癌の末期状態にもかかわらず、患者はオルゴンの集中的、定期的照射、ホメオパシー、ヤドリギ療法などをした二週後には、全身的にかなり気分が良くなっていた。客観的に悲観的状況に照らして、患者のこの状態には同僚の医者の何人かは、ひどく驚いたものである。それから一年、比較的正常で痛みのない生活の後に病状が突然悪化し、彼は亡くなった。全治療期間は五年。

症例九　気管支癌

五十九歳の男性患者で、左肺下葉の切除にて、かなり悪性度の高い腺癌（極わずかに分化した）が診断された。転移はなかったが、予後は悪かった。治療経過は症例八と非常に類似しているが、彼の場合にはすでに、新しい女性との関係を持ち始めていた。三年以上たっても、元の結婚生活に終止符を打てず、再び絶望状態に陥っていた。治療はオルゴン・アキュミュレーターによるものだけで、これは四年半続けられ、著しい好転をもたらしている。この間、彼は食欲があり、熟睡し、仕事に打ち込み、希望に満ちた様子で、中でも新しい女性との性的関係を堪能していた。病気の経過の中で最も驚くべきことは、彼には他に多くの重い病気があったのだが、そのうちのいくつかにも好転が認められたことである。例えば、中程度の大動脈弁閉鎖不全症、大動脈弁狭窄症、高血圧、これらの合併症としての肺高血圧症、慢性閉塞性肺気腫、心不全、狭心症と上室性頻脈の発作といった多くの障害があった。全治療期間は五年。

症例一〇　臀筋肉腫

五十七歳の女性で、卵大の腫瘍が左臀部から完全に切除された。彼女は放射線療法も化学療法も拒否していた。オルゴン・アキュミュレーターを使った治療が一日一回、三十分行われた。一週間後には腸の機能が正常化してきた。次の六週間の間に彼女の全身状態は好転し、今日に至るまで五年の間、その状態が続いている。食欲もあり、よく眠ることができ、教職を退いた後は、スポーツ、家具の収集、旅行、読書とさまざまな活動に意欲的に取り組んでいる。しかし、彼女はずっと独身をとおしており、性的関係の話をすることは拒んだ。手術後一、二年はアキュミュレーターを定期的に使用している。その後は不定期にしか使用していないが、癌再発の兆候はない。他の癌患者の症例と同様、ライヒ血液検査の結果も好転。全観察期間は五年。

検討

治療報告（27）にみられるように、治療される病気の種類は多岐にわたっている。抑うつ、疲労、食欲欠乏、普通の風邪。さらに、様々

な程度の貧血やリューマチ、肺炎などもある。膿瘍、火傷、ひっかき傷、切傷、脱臼、潰瘍などの傷から、月経困難、偏頭痛、三叉神経痛、骨多孔症や癌性の痛みや、壊疽や傷の痛みといった様々な痛みの症候。蜂窩織炎、血栓性静脈炎、歯周囲炎、皮膚の炎症性病変、便秘、狭心症、高血圧、低血圧。

オルゴン・アキュミュレーターを用いる場合、細心の注意を要する病気がある。間欠的、あるいは継続的症状の悪化に伴い、危機的状況が発生することがあるからである。比較的、あるいは絶対的にアキュミュレーターでの治療に禁忌な病気については、ライヒや他の研究者が報告している。これには、高血圧、動脈閉塞性疾患、心不全、気管支喘息、枯草熱、十二指腸潰瘍、脳、肝臓への転移、ヒステリーなどがある。アキュミュレーター療法の適用、禁忌の一覧表は（2）に載っている。治療に当る医者には必読のものである。

ライヒが明確に述べているように、生命体の全体に関わっている病気である癌を、アキュミュレーターで治療することはできない。ライヒが癌の治療法を発見したと主張したと、誤解している人々がいる。我々が手がけた癌患者では、全員にいわゆる萎縮バイオパシーが明瞭にあらわれていた。萎縮バイオパシーというのは、癌患者の生命エネルギーが、表面化しないこともある性格上のあきらめと一体になってどんどん減少していくことである。腫瘍はこの悪性のプロセスの最終段階への突入を示すにすぎない。このプロセスは、生きながらの死滅とも言えるものである。私達の癌患者には、全員にあきらめ、感情的無関心や感情表現のブロックがみられた。ごく最近になって、癌における心身相関についての研究がいくつかなされている（28）。しかしライヒは、もうすでに顕微鏡観察により細胞のレベルでの心身相関について発見し、記述している（1）。これは推測ではなく、実験的に証明され、撮影記録されている。この極めて深遠な癌研究に興味を持たれた人は誰でも、ライヒの実験研究を再現することが可能である(1)～(3)、(19)～(25)。私達は患者の中に感情の死だけでなく、いわゆるオルガスムス能力の欠乏や真の性的涸渇というものを発見した。オルガスムス能力をライヒは次のように述べている。それは性交がクライマックスに達した時に、生命体の不随意なけいれんに、ことごとく身をゆだね、完全に性エネルギーを放出することである。通常オルガスムス能力は勃起や射精能力と識別されていないが、これは全く別のものであり、両者はオルガスムス能力の前提条件にすぎない。この能力に欠けていることが現代の普通の人間にとって最も特徴的な問題であり、生命体に放出されない生命エネルギーをため込んでしまう結果、バイオパシー症候を呈したり、不合理な社会的行動に出てしまうのである。癌バイオパシーでは、ため込まれた生命エネルギーは筋肉の表面だけではなく（筋肉の鎧）、生命体の中核部にも慢性的な収縮をもたらし、生命エネルギーがどんどん失われ、エネルギー代謝が著しく障害され、有毒物が体内に蓄積されることになる。生化学の分野では癌における代謝障害と中毒について多くの研究がなされ、ウォーバーグに始まり、今日に至るまで様々なことが発見されている(29)。また同時に、癌患者の解毒の方法も研究されている(30)。しかしライヒの発見は、生命エネルギーの基本が障害されている心身統合の全体像として癌を捉える鍵になっている。ライヒはまた、所定期間、集中的にオルゴン・エネルギーを吸収することで、癌化の悪性プロセスを止め

ることが可能であることも発見している。癌そのものさえ、患者の生命エネルギーが高まることで解決されることもあり、これは他の研究者によっても確認されている(31)。しかし、根本原因であるオルゴン・エネルギーの脈動障害や、性格の鎧、筋肉の鎧はオルゴン・アキュミュレーターで治療することは不可能である。

オルゴン治療における最も顕著な結果は、予後をはるかに上まわる寿命の延びではなくて、それまでの生活と比べて質的にずっと充実したものになるという事実である。患者の一般的状態は心身ともに好転し、活動や新しい計画、性への欲望が高まってくる。この変化は患者に近い友人、近所の人々、家族が容易に認めるものである。また患者がとっくの昔に放棄してしまっていた積極的な行動も再び現われてくることもよくみられる。この患者の性欲の高まりや性活動の活発化への変化は結婚相手にとってうまく理解されているとは思われない。私達はオルゴン療法による癌患者の治療から、ライヒの発見を確認することができた。オルゴン・アキュミュレーターによる定期的なオルゴン照射を早い時期に開始さえすれば、少なくとも数年間は癌化の悪性プロセスを止めたり、ある程度好転させることができるということである。しかし、アキュミュレーター単独で癌が治癒できるのではないというライヒの警告は繰り返し述べる必要がある。アキュミュレーターによる治療と同時に、解毒療法、特に精神分析を受けることでよい結果が得られる。精神分析オルゴン・セラピーというのは、筋肉や性格の鎧に閉じ込められた感情を解放することで、生命体の持つオルゴン・エネルギーを活性化する療法である。私達の患者は皆すでに手術を受けてしまっていたので腫瘍の後退を目で確かめることはできなかった。

他の療法との併合とともに、ホッペがやったように、アキュミュレーターの層を増やすということもすべきである。ホッペは二十層のアキュミュレーターを使用しており、ホッペの癌患者の一人で、悪性メラノーマ(黒色細胞腫)をわずらっていた女性は癌診断後、三十年たった今も生きている。私達はこれまでのところ、まだ七層のアキュミュレーターしか使用していない。癌の持つ諸問題は、もっと多くの科学者が癌の本質を理解し、それが社会の中で理解されてはじめて解決される。その時には、教育、社会活動、医学によって癌は予防的に解決されなければならない。それこそがライヒの目ざしたものであり、私達の目標もそこにある。

一つ一つの症例研究よりももっと重要なことは、アキュミュレーターを定期的に使用することで得られる予防効果に関する広範な実験である。ライヒはこのことを、すでに四十年も前に提唱している。ライヒは自らの観察結果から、アキュミュレーターを定期的に使用することで、風邪や、癌を含むある種の病気に予防的効果があるのではないかと考えていた。もうすでに、かなりの数にのぼる人々が定期的に何年もの間アキュミュレーターを使用しており、今日ではこの予防効果を示唆するデーターがあがっている。また妊娠中の女性や新生児への効果についてもすでに知られている。妊娠中に定期的にオルゴン・アキュミュレーターを使用した症例は少なくとも十二例報告されていて、母親は極めて健康で、出産の前も出産中も何も問題がなく、非常に元気で健康な赤ん坊を産んでいる。特に赤ん坊の心臓がとても強いことが確かめられている。

Orgone-Charged Mung Beans

オルゴンの荷電もやし

Control Group Mung Beans

非荷電もやし コントロール

著者略歴

ジェームス・ディメイオ

1949年 アメリカ生まれ 1986年 カンザス大学地理学部で博士号取得

現在 オルゴン生物物理研究所所長

Pulse of the Planet の編集長

Ashland, Oregon, USA

www.orgonelab.org www.saharasia.org

訳者略歴

国 永 史 子

1949年 富山生まれ お茶の水女子大英文科卒業

訳書に『からだと性格』(アレクサンダー・ローエン 創元社)

『バイオエナジェティック原論』(アレクサンダー・ローエン 春秋社)

(ともに共訳) などがある。

バイオエネルギー・ジャーナルの編集者

Other works (English) by James DeMeo, PhD
from Natural Energy Works
www.naturalenergyworks.net

SAHARASIA: The 4000 BCE Origins of Child-Abuse, Sex-Repression, Warfare and Social Violence, In the Deserts of the Old World, by James DeMeo

In Defense of Wilhelm Reich: Opposing the 80-Years' War of Mainstream Defamatory Slander Against One of the 20th Century's Most Brilliant Physicians and Natural Scientists, by James DeMeo

On Wilhelm Reich and Orgonomy. Edited by James DeMeo

Heretic's Notebook: Emotions, Protocells, Ether-Drift and Cosmic Life-Energy, with New Research Supporting Wilhelm Reich,
Edited by James DeMeo

By other Authors on similar topics
www.naturalenergyworks

The History of Modern Morals, By Max Hodann, a central participant in the European Weimar-era sexual reform movement. 350+ pages, with a New Introduction by James DeMeo, PhD.

Natural Love and the Unnatural Attacks Against It,
by Emanuel di Pasquale

John Ott: Exploring the Spectrum DVD-Movie (multi-region)
Directed by John Ott

Other Resources:

James DeMeo: Orgone Biophysical Research Lab
www.orgonelab.org www.saharasia.org

Wilhelm Reich Museum www.wilhelmreichtrust.org

Orgonics Life Energy Products www.orgonics.com

オルゴン
アキュミュレーター
ハンドブック

AC

HANDBOOK

Abridged
Japanese Edition

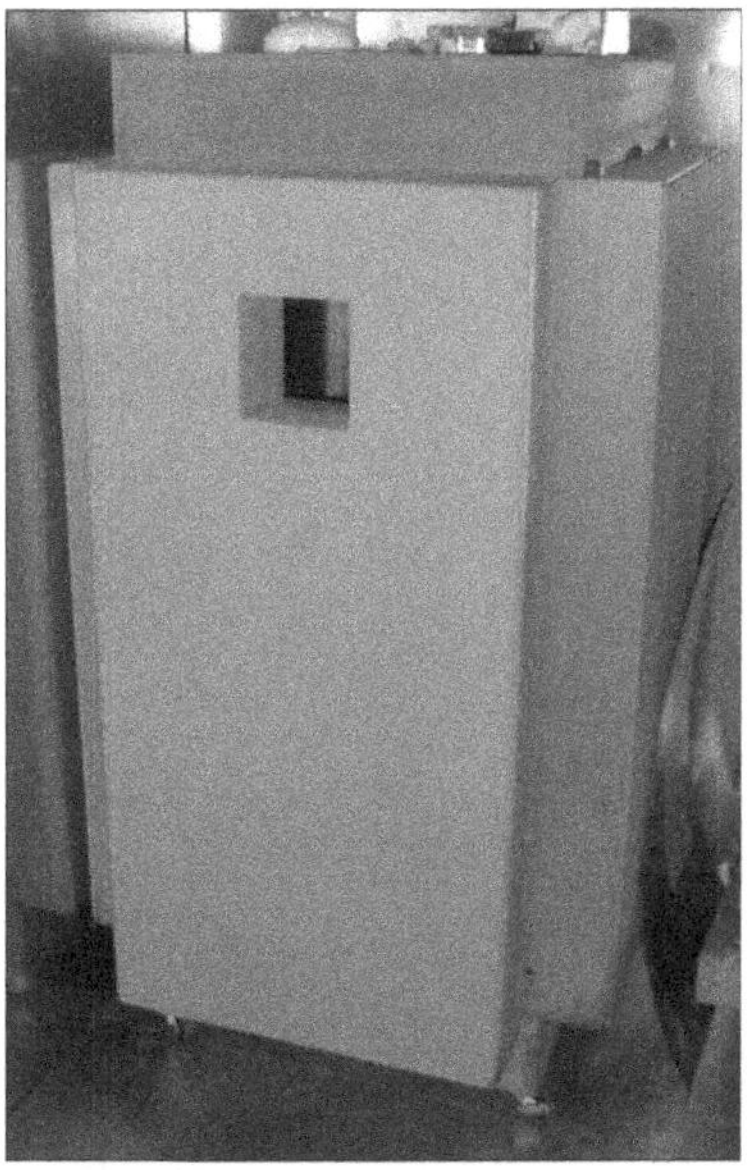

by James DeMeo, PhD

作 ジェームス・ディメイオ(Ph.D)

Japanese Translation by
Fumiko Kuninaga-Shigeta

国永史子 による日本語翻訳

Natural Energy Works
Orgone Biophysical Research Laboratory
Ashland, Oregon, USA
www.naturalenergyworks.net
www.orgonelab.org